水污染治理
及资源化工程技术探究

乔鹏帅　著

中国水利水电出版社
www.waterpub.com.cn

内 容 提 要

  本书紧密结合水污染现状,系统介绍了水污染处理的理论和机理,重点介绍了污水处理的相关方法,包括:污水的物理处理工艺、化学处理工艺、物理化学处理工艺、生物处理工艺以及生态处理等,还讨论了污水深度处理与回用,污泥的处理、处置和污水资源化利用等问题,反映了水污染治理工程的基本技术、工艺和方法。

  本书可供对水污染治理感兴趣的读者阅读,也可供从事水污染治理、环境保护及相关研究的技术和管理人员参考。

图书在版编目(CIP)数据

水污染治理及资源化工程技术探究 / 乔鹏帅著. --
北京 : 中国水利水电出版社, 2015.1(2022.9重印)
 ISBN 978-7-5170-2863-5

 Ⅰ. ①水… Ⅱ. ①乔… Ⅲ. ①水污染防治—研究
Ⅳ. ①X52

中国版本图书馆CIP数据核字(2015)第014688号

策划编辑:杨庆川 责任编辑:陈 洁 封面设计:崔 蕾

书 名	水污染治理及资源化工程技术探究
作 者	乔鹏帅 著
出版发行	中国水利水电出版社
	(北京市海淀区玉渊潭南路1号D座 100038)
	网址:www.waterpub.com.cn
	E-mail:mchannel@263.net(万水)
	sales@mwr.gov.cn
	电话:(010)68545888(营销中心)、82562819(万水)
经 售	北京科水图书销售有限公司
	电话:(010)63202643、68545874
	全国各地新华书店和相关出版物销售网点
排 版	北京鑫海胜蓝数码科技有限公司
印 刷	天津光之彩印刷有限公司
规 格	170mm×240mm 16开本 16.25印张 211千字
版 次	2015年6月第1版 2022年9月第2次印刷
印 数	3001—4001册
定 价	49.00元

前　言

进入 21 世纪以后,工业安全与水污染仍然是两个沉重的话题,无论是发达国家还是发展中国家,都无一例外。20 世纪是人类发展史上一个灿烂辉煌的时代,人类的智慧在科学与技术上得到淋漓尽致的发挥,人们对技术的利用、与自然的搏斗,使人们的生活方式发生了根本的变化。然而,技术是一把双刃剑,它在给人类的生产和生活带来舒适、高效、便捷和财富的同时,也带来了环境污染、生态破坏和各类伤亡事故的威胁等一系列负面影响。目前,由水污染引起的环境压力越来越大,对水污染实施治理及资源化是减少水环境污染的有效措施,也是必由之路!

本书共分六章。第一章主要介绍了我国水污染现状,讨论了污水的来源及其危害,详细分析了水中污染物组分及衡量指标,最后说明了水污染处理的方法和基本工艺流程。第二章为污水处理的基本方法,分别是物理处理工艺、化学处理工艺、物理化学处理工艺和生物处理工艺。第三章为污水生态处理方法,主要分为土地净化、人工湿地净化和稳定塘净化等。第四章为污水深度处理,简述了污水深度处理的现状、概念与要求,探讨了污水深度处理的工艺,然后介绍了污水深度处理技术的发展。第五章为污泥处理、处置与利用,介绍了污泥的分类、性质与数量,归纳了污泥的基本处理方法,最后给出了污泥的处置与资源化利用。第六章为污水资源化工程,介绍了国内外污水资源化的基本现状、意义及前景,引入了我国污水资源化的政策法规与政策策略,对污水资源化技术进行了概述,最后举例说明污水资源化新技术及其利用。

本书参考了大量的文献资料,其中一些图表来源于国家统计局、国家海洋局和 2013 年中国环境状况公报等，在此对有关作者表示衷心的感谢并在参考文献中列出。本书得到河南省教育厅自然科学研究计划项目（2011B570003、2011B570005）和郑州市 2010 年度技术研究与开发经费支持项目（10PTGS507－1）的支撑与资助，同时得到了学校领导的高度重视和很多老师直接或间接的帮助，在此一并表示衷心的感谢。此外，出版社的工作人员为本书稿的整理做了许多工作，感谢你们为本书顺利问世所作的努力。

　　由于水污染治理及资源化涉及的内容非常广泛，受作者的理论和实践所限，对这些方面有所取舍，谬误与不足在所难免，作者真心希望得到同行专家的批评指正。

作　者

2014 年 11 月

目　录

第一章 综 述

本章主要介绍了我国水污染现状,讨论了污水的来源及其危害,详细分析了水中污染物组分及衡量指标,最后说明了水污染处理的方法和基本工艺流程。

第一节 我国水污染现状

2012 年,全国污水排放总量为 6847612.14 万 t,化学需氧量排放量为 2423.73 万 t,氨氮排放量为 253.59 万 t。全国近年污水及主要污染物排放量如表 1-1 所示。①

表 1-1 全国近年污水及主要污染物排放量

指标	2013 年	2012 年	2011 年	2010 年	2009 年	2008 年	2007 年	2006 年	2005 年	2004 年
废水排放总量（万吨）	—	6847612.14	6591922.44	6172562	5890877.25	5716801	5568494.16	5144802	5245089	4824094
化学需氧量排放量（万吨）	2353	2423.73	2499.86	1238.1	1277.5	1320.7	1381.8	1428.2	1414.2	1339.18
氨氮排放量（万吨）	245.7	253.59	260.44	120.29	122.61	126.97	132.34	141.33	149.78	133.01

---

① 数据来源:国家统计局

一、河流水质

在长江、黄河和淮河等十大流域的国控断面中，Ⅰ～Ⅲ类，Ⅳ、Ⅴ类和劣Ⅴ类水质如图 1-1 所示。与上年相比，水质没太大变化。主要污染指标为化学需氧量、高锰酸盐指数和五日生化需氧量。

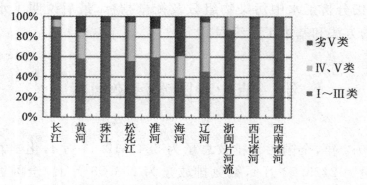

图 1-1　2013 年十大流域水质状况

（一）长江流域

长江流域水质良好。Ⅰ～Ⅲ类、Ⅳ～Ⅴ类和劣Ⅴ类水质断面比例分别为 89.4％、7.5％和 3.1％。与上年相比，水质无明显变化（图 1-2）。

图 1-2　2013 年长江流域水质分布示意图

长江干流水质为优。Ⅰ～Ⅲ类水质断面比例为100.0％。

长江主要支流水质良好，Ⅰ～Ⅲ类水质断面比例达到85.6％。

长江的城市河段中，螳螂川云南昆明段、府河四川成都段和釜溪河四川自贡段为重度污染。

（二）黄河流域

黄河流域轻度污染。Ⅰ～Ⅲ类、Ⅳ～Ⅴ类和劣Ⅴ类水质断面比例分别为58.1％、25.8％和16.1％（图1-3）。与上年相比，水质没太大变化。

图例

Ⅰ类　Ⅳ类
Ⅱ类　Ⅴ类
Ⅲ类　劣Ⅴ类

图1-3　2013年黄河流域水质分布示意图

黄河干流水质为优。Ⅰ～Ⅲ类和Ⅳ～Ⅴ类水质断面比例分别为92.3％和7.7％。

黄河主要支流为中度污染。Ⅰ～Ⅲ类、Ⅳ～Ⅴ类和劣Ⅴ类水质断面比例分别为33.3％、38.9％和27.8％。

黄河的城市河段中，总排干内蒙古巴彦淖尔段，三川河山西吕梁段，汾河山西太原段、临汾段、运城段，涑水河山西运城段和渭河陕西西安段为重度污染。

（三）珠江流域

珠江流域水质为优。Ⅰ～Ⅲ类水质断面比例高达94.4％（图1-4）。与上年相比，水质没太大变化。

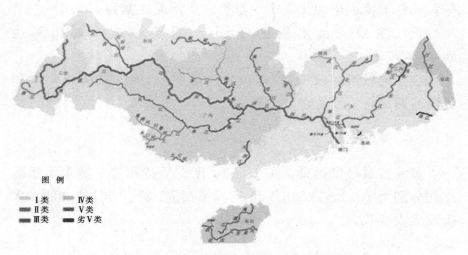

图例

▨ Ⅰ类　▥ Ⅳ类
▦ Ⅱ类　▩ Ⅴ类
▦ Ⅲ类　▧ 劣Ⅴ类

图 1-4　2013 年珠江流域水质分布示意图

珠江干流水质为优。Ⅰ～Ⅲ类水质断面比例为 100.0％。

珠江主要支流水质良好，Ⅱ～Ⅲ类水质断面比例高达88.5％，劣Ⅴ类水质断面比例为 11.5％。

海南岛内 4 条河流中，南渡江、万泉河和昌化江水质为优，石碌河水质良好。

珠江的城市河段中，深圳河广东深圳段为重度污染。

（四）松花江流域

松花江流域轻度污染。Ⅰ～Ⅲ类、Ⅳ～Ⅴ类和劣Ⅴ类水质断面比例分别为 55.7％、38.6％和 5.7％（图 1-5）。与上年相比，水质没太大变化。主要污染指标为高锰酸盐指数、化学需氧量和总磷。

松花江干流水质良好。Ⅰ～Ⅲ类、Ⅳ～Ⅴ类和劣Ⅴ类水质断面比例分别为 81.3％、12.5％和 6.2％。

松花江主要支流为轻度污染。黑龙江水系、乌苏里江水系和图们江水系为轻度污染。绥芬河水系为Ⅲ类水质。

松花江的城市河段中，阿什河黑龙江哈尔滨段为重度污染。

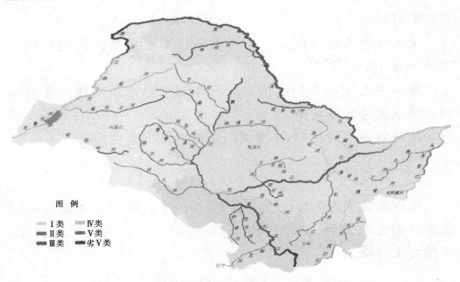

图 1-5 2013 年松花江流域水质分布示意图

(五)淮河流域

淮河流域轻度污染。Ⅰ～Ⅲ类、Ⅳ～Ⅴ类和劣Ⅴ类水质断面比例分别为 59.6%、28.7% 和 11.7%(图 1-6)。与上年相比,水

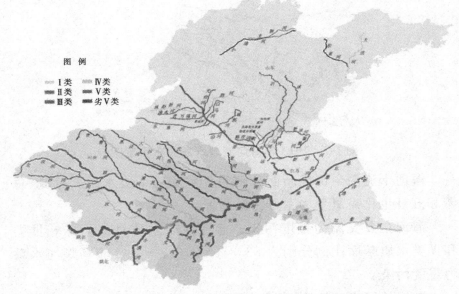

图 1-6 2013 年淮河流域水质分布示意图

质有所好转。

淮河干流水质为优。Ⅰ～Ⅲ类和Ⅳ类水质断面比例分别为90.0％和10.0％。

淮河主要支流为轻度污染。沂沭泗水系水质为优。淮河流域其他水系为轻度污染。

淮河的城市河段中,小清河山东济南段为重度污染。

(六)海河流域

海河流域中度污染。Ⅰ～Ⅲ类、Ⅳ～Ⅴ类和劣Ⅴ类水质断面比例分别为39.1％、21.8％和39.1％(图1-7)。与上年相比,水质没太大变化。

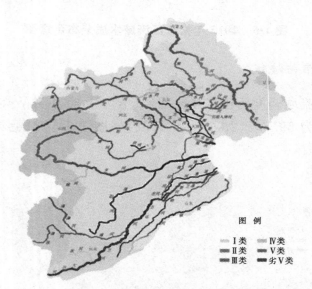

图 例

▨ Ⅰ类　▨ Ⅳ类
▨ Ⅱ类　▨ Ⅴ类
▨ Ⅲ类　▬ 劣Ⅴ类

图 1-7　2013 年海河流域水质分布示意图

海河干流两个国控断面分别为Ⅳ类和劣Ⅴ类水质。氨氮、总磷和五日生化需氧量为主要污染指标。

海河主要支流为重度污染。滦河水系水质良好。Ⅰ～Ⅲ类和Ⅳ类水质断面比例分别为83.3％和16.7％。徒骇马颊河水系为重度污染。

海河的城市河段中,滏阳河邢台段、岔河德州段和府河保定段为重度污染。

（七）辽河流域

辽河流域轻度污染。Ⅰ～Ⅲ类、Ⅳ～Ⅴ类和劣Ⅴ类水质断面比例分别为 45.5％、49.1％和 5.4％（图 1-8）。与上年相比，水质有所改善。

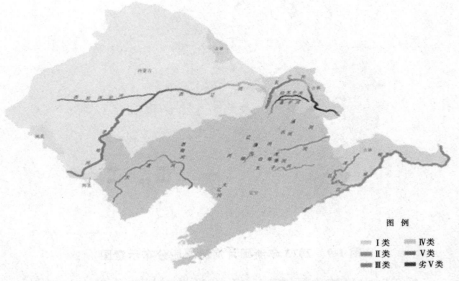

图 例

Ⅰ类　Ⅳ类
Ⅱ类　Ⅴ类
Ⅲ类　劣Ⅴ类

图 1-8　2013 年辽河流域水质分布示意图

辽河干流为轻度污染。辽河主要支流为中度污染。大辽河水系为轻度污染，Ⅱ类和Ⅳ～Ⅴ类水质断面比例分别为 18.8％和81.2％。与上年相比，水质有所好转。主要污染指标为石油类、五日生化需氧量和氨氮。大凌河水系为轻度污染。鸭绿江水系水质为优。Ⅰ～Ⅲ类水质断面比例为 100.0％。

辽河流域无重度污染的城市河段。

（八）浙闽片河流

浙闽片河流水质良好。Ⅰ～Ⅲ类和Ⅳ类水质断面比例分别为 86.7％和 13.3％（图 1-9）。与上年相比，水质无明显变化。

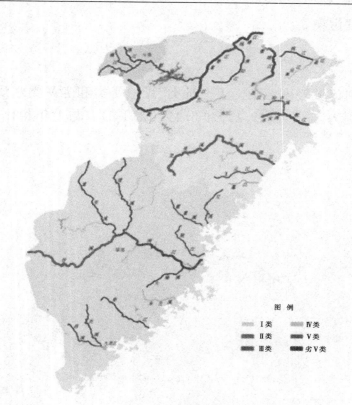

图例

　Ⅰ类　　　　Ⅳ类
　Ⅱ类　　　　Ⅴ类
　Ⅲ类　　　　劣Ⅴ类

图 1-9　2013 年浙闽片河流水质分布示意图

浙江境内河流水质良好。Ⅰ～Ⅲ类和Ⅳ类水质断面比例分别为 83.3％和 16.7％,水质较去年有所好转。

福建境内河流水质良好。Ⅰ～Ⅲ类和Ⅳ类水质断面比例分别为 88.2％和 11.8％。

安徽境内河流 4 个国控断面均为Ⅱ、Ⅲ类水质。

浙闽片河流无重度污染的城市河段。

(九)西北诸河

西北诸河水质为优。Ⅰ～Ⅲ类和劣Ⅴ类水质断面比例分别为 98.0％和 2.0％(图 1-10)。与上年相比,水质无明显变化。

新疆境内河流水质为优。Ⅰ～Ⅲ类和劣Ⅴ类水质断面比例分别为 97.8％和 2.2％。

甘肃境内河流 4 个国控断面均为Ⅰ~Ⅲ类水质。

青海境内河流 1 个国控断面为Ⅱ类水质。

西北诸河的城市河段中,克孜河新疆喀什段为重度污染。

图 1-10　2013 年西北诸河水质分布示意图

(十)西南诸河

西南诸河水质为优。Ⅱ~Ⅲ类水质断面比例为 100.0%(图 1-11)。

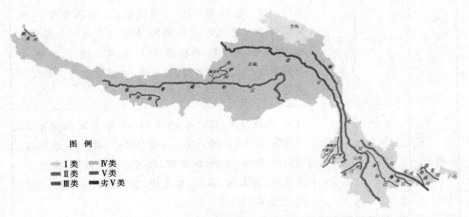

图 1-11　2013 年西南诸河水质分布示意图

西藏境内河流水质为优。Ⅱ~Ⅲ类水质断面比例为 100.0%。

云南境内河流水质为优。Ⅱ~Ⅲ类水质断面比例为 100.0%。

西南诸河无重度污染的城市河段。

（十一）省界水体

省界水体水质为中。Ⅰ～Ⅲ类、Ⅳ～Ⅴ类和劣Ⅴ类水质断面比例分别为62.3％、18.2％和19.5％（图1-12和表1-2）。与上年相比,水质没太大变化。

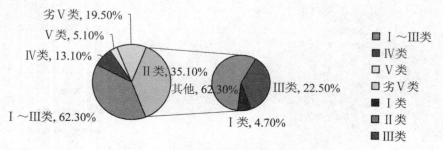

劣Ⅴ类, 19.50%
Ⅴ类, 5.10%
Ⅳ类, 13.10%
Ⅱ类, 35.10%
其他, 62.30%
Ⅲ类, 22.50%
Ⅰ～Ⅲ类, 62.30%
Ⅰ类, 4.70%

Ⅰ～Ⅲ类
Ⅳ类
Ⅴ类
劣Ⅴ类
Ⅰ类
Ⅱ类
Ⅲ类

图 1-12　2013 年全国省界断面水质状况

表 1-2　2013 年省界断面水质状况

流域	断面比例（%）		劣Ⅴ类断面分布
	Ⅰ～Ⅲ类	劣Ⅴ类	
长江	78.0	7.5	新庄河云南－四川交界处,乌江贵州－重庆交界处,清流河安徽－江苏交界处,牛浪湖湖北－湖南交界处,黄渠河河南－湖北交界处,浏河、吴淞江江苏－上海交界处、枫泾塘、浦泽塘、面杖港、黄姑塘、惠高泾、六里塘、上海塘浙江－上海交界处,长三港、大德塘江苏－浙江交界处。
黄河	45.3	33.3	黄埔川、孤山川、窟野河、牸牛川内蒙古－陕西交界处,葫芦河、渝河、茹河宁夏－甘肃交界处,蔚汾河、漱水河、三川河、鄂河、汾河、涑水河、漕河山西入黄处,黄埔川、孤山川、清涧河、延河、金水沟、渭河陕西入黄处,双桥河、宏农涧河河南入黄处。
珠江	85.1	6.4	深圳河广东－香港交界处,湾仔水道广东－澳门交界处。
松花江	73.5	——	——

流域	断面比例（%）		劣Ⅴ类断面分布
	Ⅰ～Ⅲ类	劣Ⅴ类	
淮河	31.4	25.5	洪汝河、南洺河、惠济河、大沙河（小洪河）、沱河、包河河南—安徽交界处、奎河、灌沟河、闫河江苏—安徽交界处、灌沟河南支、复新河安徽—江苏交界处，黄泥沟河、青口河山东—江苏交界处。
海河	27.1	62.7	潮白河、北运河、沟河、风港减河、小清河、大石河北京—河北交界处，潮白河、蓟运河、北运河、沟河、还乡河、双城河、大清河、青静黄排水渠、子牙河、子牙新河、北排水河、沧浪渠河北—天津交界处，卫河、马颊河河南—河北交界处，徒骇河河南—山东交界处，卫运河、漳卫新河河北—山东交界处，桑干河、南洋河山西—河北交界处。
辽河	21.4	42.9	新开河吉林—内蒙古交界处，阴河、老哈河河北—内蒙古交界处，东辽河辽宁—吉林交界处，招苏台河、条子河吉林—辽宁交界处。
东南诸河	100.0	——	
西南诸河	100.0	——	

二、湖泊（水库）水质

2013 年,水质为优良、轻度污染、中度污染和重度污染的国控重点湖泊比例分别为 60.7%、26.2%、1.6% 和 11.5%。主要污染指标为总磷、化学需氧量和高锰酸盐指数。与上年相比,各级别水质的湖泊（水库）比例无明显变化,如表 1-3 所示。

表 1-3　2013 年重点湖泊（水库）水质状况

湖泊（水库）类型	优（个）	良好（个）	轻度污染（个）	中度污染（个）	重度污染（个）
三湖 *	0	0	2	0	1
重要湖泊	5	9	10	1	6
重要水库	12	11	4	0	0
总计	17	20	16	1	7

＊:三湖是指太湖、滇池和巢湖。

（一）太湖

轻度污染。与上年相比,水质无明显变化。主要污染指标为总磷和化学需氧量。其中,西部沿岸区为中度污染,其他沿岸区为轻度污染。

湖体为轻度富营养。其中,西部沿岸区为中度富营养,其他区域为轻度富营养。

太湖主要入湖河流中,乌溪河、陈东港、洪巷港、殷村港、百渎港、太鬲运河和梁溪河为轻度污染,其他主要入湖河流水质优良。主要出湖河流中,浒光河和苏东河水质良好,胥江和太浦河水质为优。

（二）滇池

滇池环湖河流总体为重度污染。全湖总体为中度富营养。与上年相比,水质无明显变化。

滇池主要入湖河流中,盘龙江、新河、老运粮河、海河、乌龙河、金汁河、船房河、大观河、捞渔河和西坝河为重度污染,宝象河、柴河和中河为中度污染,马料河和东大河为轻度污染,洛龙河水质为优。

（三）巢湖

轻度污染。与上年相比,水质无明显变化。主要污染指标为总磷和化学需氧量。西半湖为中度污染,东半湖为轻度污染。

湖体为轻度富营养。西半湖为中度富营养,东半湖为轻度富营养。

巢湖主要入湖河流中,南淝河、十五里河和派河为重度污染,其他主要入湖河流水质良好。巢湖主要出湖河流裕溪河水质良好。

（四）重要湖泊

2013 年,31 个大型淡水湖泊中,淀山湖、达赉湖、白洋淀、贝尔湖、乌伦古湖和程海为重度污染,洪泽湖为中度污染,阳澄湖、小兴凯湖、兴凯湖、菜子湖、鄱阳湖、洞庭湖、龙感湖、阳宗海、镜泊湖和博斯腾湖为轻度污染,其他14个湖泊水质优良。与上年相比,高邮湖、南四湖、升金湖和武昌湖水质有所好转,鄱阳湖和镜泊湖水质有所下降。

淀山湖、洪泽湖、达赉湖、白洋淀、阳澄湖、小兴凯湖、贝尔湖、兴凯湖、南漪湖、高邮湖和瓦埠湖均为轻度富营养,其他湖泊均为中营养或贫营养。

大型淡水湖泊的主要污染指标为总氮、总磷和高锰酸盐指数。

(五)重要水库

27个重要水库中,尼尔基水库为轻度污染,主要污染指标为总磷和高锰酸盐指数;莲花水库、大伙房水库和松花湖均为轻度污染,主要污染指标均为总磷;其他23个水库水质均为优良。

崂山水库、尼尔基水库和松花湖为轻度富营养,其他水库为贫营养或中营养。

三、地下水环境质量状况

2013年,全国有309个地级及以上城市的835个集中式饮用水源地统计取水情况,全年取水总量为306.7亿t,涉及服务人口3.06亿人。其中,达标取水量为298.4亿t,达标率为97.3%。地表水水源地主要超标指标为总磷、锰和氨氮,地下水水源地主要超标指标为铁、锰和氨氮。

2013年,地下水环境质量的监测点共有4778个,水质优良的监测点比例为10.4%,良好的监测点比例为26.9%,较好的监测点比例为3.1%,较差的监测点比例为43.9%,极差的监测点比例为15.7%(图1-13)。主要超标指标为总硬度、"三氮"(亚硝酸盐、硝酸盐和氨氮)、硫酸盐、氟化物和氯化物等。

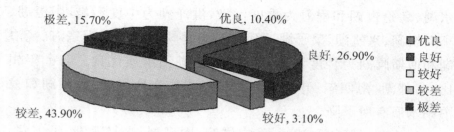

图 1-13　2013 地下水监测点水质状况

　　与上年相比,有连续监测数据的地下水水质监测点总数为4196 个,分布在 185 个城市,水质综合变化以稳定为主。其中,稳定的监测点比例为 66.6%,水质变好的监测点比例为 15.4%,变差的监测点比例为 18.0%(图 1-14)。①

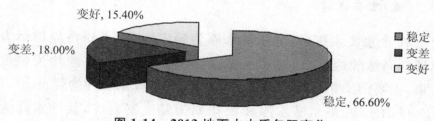

图 1-14　2013 地下水水质年际变化

四、海水水质

(一)全国局部海域污染严重

　　2013 年夏季,海水中无机氮、活性磷酸盐、石油类和化学需氧量等要素的监测结果显示,我国管辖海域海水环境状况总体较好,但近岸海域海水污染依然严重(图 1-15)。

　　符合第一类海水水质标准的海域面积约占我国管辖海域面积的 95%,符合第二类、第三类和第四类海水水质标准的海域面积分别为 47160、36490 和 15630 平方公里,劣于第四类海水水质

---

　　①　2013 年中国环境状况公报

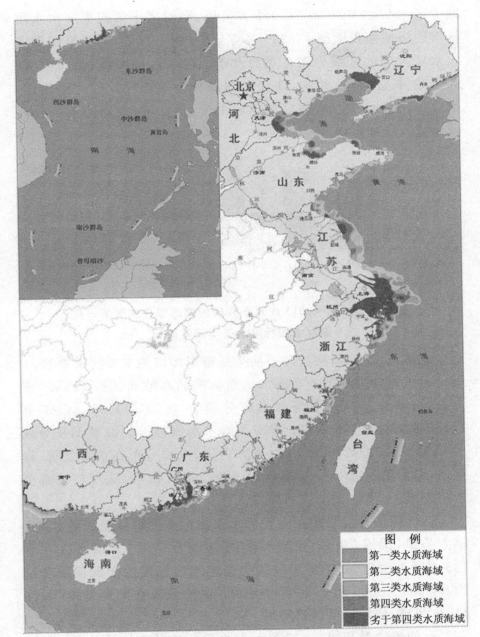

图 1-15　2013 年夏季我国管辖海域水质等级分布示意图

标准的海域面积为 44340 平方公里,较上年减少了 23540 平方公里。渤海、黄海和东海劣于第四类海水水质标准的海域面积分别减少了 4590、13030 和 9150 平方公里，南海劣于第四类海水水质标准的海域面积增加了 3230 平方公里（图 1-16）。劣于第四类海水水质标准的区域分布在黄海北部、辽东湾、渤海湾、莱州湾、江苏盐城、长江口、杭州湾、珠江口的部分近岸海域。与上年相比，烟台近岸、汕头近岸、珠江口以西沿岸、湛江港、钦州湾的部分海域污染有所加重。

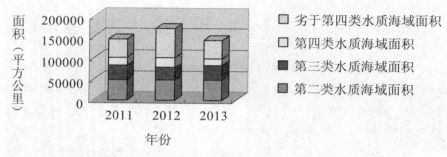

图 1-16　2011～2013 年夏季我国管辖海域未达到第一类
海水水质标准的各类海域面积

无机氮、活性磷酸盐和石油类是近岸海域的主要污染要素。

无机氮含量超第一类海水水质标准的海域面积约 131850 平方公里，渤海、黄海、东海和南海分别为 32630、33440、48380 和 17400 平方公里，其中劣于第四类海水水质标准的海域面积分别为 8490、3240、24210 和 7110 平方公里，主要分布在黄海北部、辽东湾、渤海湾、莱州湾、江苏盐城、长江口、杭州湾、珠江口的部分近岸海域。

活性磷酸盐含量超第一类海水水质标准的海域面积约 61610 平方公里，渤海、黄海、东海和南海分别为 5790、3840、41450 和 10530 平方公里，其中劣于第四类海水水质标准的海域面积分别为 90、260、10220 和 1210 平方公里，主要分布在大连近岸、长江口、杭州湾、珠江口的局部海域。

石油类含量超第一、二类海水水质标准的海域面积约 17150 平方公里，渤海、黄海、东海和南海分别为 8230、3630、590 和 4700 平方公里，主要分布在大连近岸、辽东湾、渤海湾、莱州湾、珠江口的局部海域。

（二）赤潮

如表 1-4 所示，2013 年全年共发现赤潮 46 次，累计面积 4070 平方公里。东海赤潮发现次数最多，为 25 次；渤海赤潮累计面积最大，为 1880 平方公里。赤潮高发期集中在 5～6 月，占全年赤潮发现次数的 74%（图 1-17）。2013 年我国赤潮发现次数和累计面积为近 5 年来最少（图 1-18 和图 1-19）。

表 1-4　2013 年全国各海区赤潮情况

海区	赤潮发现次数	赤潮累计面积（平方公里）
渤海	13	1880
黄海	2	450
东海	25	1573
南海	6	167
合计	46	4070

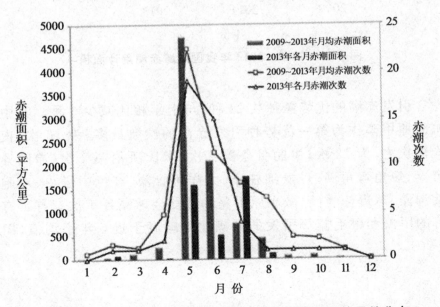

图 1-17　2009～2013 年我国海域赤潮频次与面积的月份分布

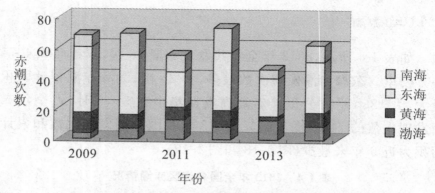

图 1-18　2009～2013 年我国海域发现的赤潮次数

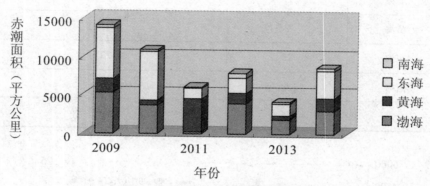

图 1-19　2009～2013 年我国海域赤潮累计面积

引发赤潮的优势藻种共 13 种,与上年相比减少 5 种。其中东海原甲藻作为第一优势种引发赤潮的次数最多,为 16 次;夜光藻次之,为 13 次;中肋骨条藻 6 次;米氏凯伦藻 2 次;赤潮异弯藻、短角弯角藻、丹麦细柱藻、大洋角管藻、红色中缢虫、双胞旋沟藻、球形棕囊藻、微小原甲藻和抑食金球藻各 1 次。有毒有害的甲藻和鞭毛藻等引发的赤潮比例略高于近 5 年平均值(图1-20)。

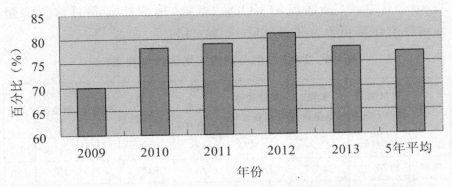

图 1-20　2009～2013 年甲藻和鞭毛藻等引发的赤潮次数
占当年总次数比例

（三）直排海污染源

1. 主要入海河流污染物排放状况

（1）河流入海断面水质状况（表 1-5）

枯水期、丰水期和平水期，72 条河流入海监测断面水质劣于第 V 类地表水水质标准的比例分别为 68％、44％和 51％，与上年相比，枯水期和平水期比例分别增加 18％和 6％，丰水期比例降低 7％。劣于第 V 类地表水水质标准的污染要素主要为化学需氧量（COD_{Cr}）、总磷、氨氮和石油类。

表 1-5　河流入海监测断面水质类别统计（条）

监测时段	I～Ⅲ类水质	Ⅳ类水质	V类水质	劣V类水质	合计
枯水期	8	9	6	49	72
丰水期	11	20	9	32	72
平水期	15	15	5	37	72

（2）主要河流污染物排海状况

72 条河流入海的污染物量（表 1-6）分别为：COD_{Cr} 1382 万 t，氨氮（以氮计）29.3 万 t，硝酸盐氮（以氮计）221 万 t，亚硝酸盐氮（以氮计）5.7 万 t，总磷（以磷计）27.2 万 t，石油类 3.9 万 t，重金属 2.7 万 t（其中锌 20743t、铜 3703t、铅 2004t、镉 138t、汞 40t），砷

2976t。其中,71 条河流的 COD_{Cr}、氨氮、硝酸盐氮和总磷入海量分别较上年降低 0.4%、11%、3%和 24%。

表 1-6　2013 年部分河流入海的污染物量(t)

河流	化学需氧量(COD_{Cr})	氨氮(以氮计)	硝酸盐氮(以氮计)	亚硝酸盐氮(以氮计)	总磷(以磷计)	石油类	重金属	砷
长江	6264780	132366	1549677	8938	171288	11471	15455	1975
闽江	1170931	10337	26685	1288	6423	571	1315	130
珠江	536180	15069	318886	25652	20149	11288	2888	452
黄河	348635	4895	7161	2829	650	4911	704	40
南流江	246030	1462	11721	619	5789	425	150	12
小清河	178884	585	1284	544	936	332	26	3
甬江	148154	6029	12424	430	2033	112	72	5
大辽河	95811	9096	18380	2626	1989	144	221	15
钦江	85430	965	3582	329	821	134	39	2
双台子河	83524	695	960	248	133	122	22	3
大风江	77272	727	1744	60	717	122	44	1
临洪河	70233	645	859	267	973	144	79	7
敖江	44134	85	965	45	160	86	34	2
霍童溪	38616	248	1186	24	47	30	28	0.3
晋江	38279	1661	13495	490	400	110	62	3
防城江	35257	768	1133	17	387	116	53	1
龙江	17301	1332	520	275	409	24	43	0.1
大沽河	12753	259	177	13	48	63	19	2
木兰溪	11196	1593	2837	354	1282	49	144	0.2
碧流河	2412	18	320	1	3	19	1	0.1

2.入海排污口状况

实施监测的 431 个陆源入海排污口的排放状况如图 1-21 所示。

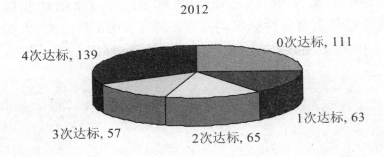

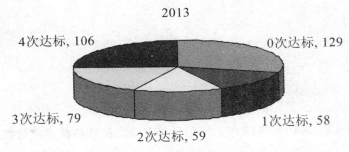

图1-21 2012～2013年入海排污口达标排放状况

不同类型入海排污口中,工业类排污口达标排放次数比率为58％,与上年相同;市政类排污口和排污河达标排放次数比率分别为45％和46％,较上年略有降低;其他类排污口达标排放次数比率为59％,较上年升高(图1-22)。

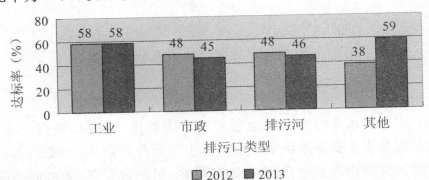

图1-22 2012～2013年不同类型入海排污口达标排放次数比率

入海排污口排放的主要污染物为总磷、悬浮物、COD_{Cr}和氨氮,达标率依次为 68%、79%、80% 和 91%;污水中砷和铜、铅、锌、六价铬等重金属达标率均高于 96%。2010 年以来,入海排污口污水中主要污染物的达标率基本保持稳定(图 1-23)。[①]

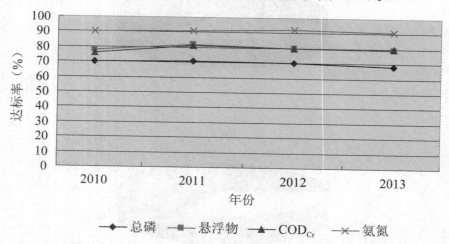

图 1-23　2010～2013 年入海污口排主要污染物达标率变化趋势

第二节　污水的来源及其危害

一、污水的来源

水污染治理工程中通常将污水的来源分为三类。

(一)工业污染源

工业废水是指来自工业生产过程中被生产物料、中间产品、成品以及生产设备所污染的水。由于工业行业众多,工业废水的成分和性质相当复杂,其所含的有机物、植物营养素、无机固体悬浮物、酸、碱、盐、重金属离子、微生物、化学有毒有害物、放射性物质、易燃易爆物质等均可对环境造成污染。表 1-7 列出了主要工业污染源所排放的污染物。影响工业废水水质的主要因素有工业类型、生产工艺、生产管理等相关。

表 1-7 主要工业污染源排放的污染物

序号	污染源		污染物
1	黑色金属矿山		酸、悬浮物、硫化物、铜、铅、锌、镉、汞、六价铬
2	黑色冶炼、有色金属矿山及冶炼		酸、悬浮物、有机物、硫化物、氟化物、挥化性酚、氰化物、石油类、铜、锌、铅、砷、镉、汞
3	焦化及煤制气		有机物、水温、悬浮物、硫化物、氰化物、石油类、氨氮、苯类、多环芳烃、砷
4	石油开发及炼制		酸、有机物、悬浮物、硫化物、水温、挥化性酚、氰化物、石油类、苯类、多环芳烃
5	化学矿开采	硫铁矿	酸、悬浮物、硫化物、铜、铅、锌、镉、汞、砷、六价铬
		磷矿	酸、悬浮物、氟化物
		萤石矿	酸、悬浮物、氟化物
		汞矿	酸、悬浮物、硫化物、汞
		硫黄矿	酸、悬浮物、硫化物、砷
6	无机原料	硫酸	酸、悬浮物、硫化物、氟化物、铜、铅、锌、砷
		氯碱	酸、有机物、悬浮物、汞
		铬盐	酸、总铬、六价铬
7	化肥、农药		酸、有机物、水温、悬浮物、硫化物、氟化物、挥发性酚、氰化物、砷、氨氮、磷酸盐、有机氯、有机磷
8	食品工业		有机物、悬浮物、酸、挥化性酚、大肠杆菌数
9	染料、颜料及油漆		酸、有机物、悬浮物、挥发性酚、硫化物、氰化物、砷、铅、镉、锌、汞、六价铬、石油类、苯胺类、苯类、硝基苯类、水温
10	制药		酸、有机物、悬浮物、石油类、硝基苯类、硝基酚类、水温
11	橡胶、塑料及化纤		酸、有机物、水温、石油类、硫化物、氰化物、砷、铜、铅、锌、汞、六价铬、悬浮物、苯类、有机氯、多环芳烃

序号	污染源	污染物
12	有机原料、合成脂肪酸及其他有机化工	酸、有机物、悬浮物、挥发性酚、氰化物、苯类、硝基苯类、有机氯、石油类、锰、油脂类、硫化物
13	机械制造及电镀	酸、有机物、悬浮物、挥发性酚、石油类、氰化物、六价铬、铅、铁、铜、锌、镍、镉、锡、汞
14	纺织、印染	酸、有机物、悬浮物、水温、挥发性酚、硫化物、苯胺类、色度、六价铬
15	造纸	酸、有机物、悬浮物、水温、挥发性酚、硫化物、铅、汞、木质素、色度
16	电子、仪器、仪表	酸、有机物、水温、苯类、氰化物、六价铬、铜、锌、镍、镉、铅、汞
17	人造纸、木材加工	酸、有机物、悬浮物、水温、挥发性酚、木质素
18	皮革及皮革加工	酸、有机物、水温、悬浮物、硫化物、氯化物、总铬、六价铬、色度
19	肉食加工、发酵、酿造	酸、有机物、悬浮物、水温、氨氮、磷酸盐、大肠杆菌数、含盐量
20	制糖	碱、有机物、悬浮物、水温、硫化物、大肠杆菌数
21	合成洗涤剂	酸、有机物、悬浮物、水温、油、苯类、表面活性剂

（二）生活污染源

生活污水是指来自家庭、学校、商店、机关、市政公共设施、宾馆饭店、餐厅、浴室、洗衣店等排放的厕所冲洗水、厨房清洗水、衣物洗涤水、身体沐浴水以及其他排水等。生活污水中的主要污染物有纤维素、淀粉、糖类、脂肪、蛋白质和动植物油等有机物，洗涤剂、表面活性剂、氯化钠和泥沙等无机物，以及粪便、尿液等含有的细菌、大肠菌群和病毒等微生物。影响生活污水水质的主要因素有气候条件、生活水平和生活习惯、水资源状况等。

（三）地面污染源

初期雨水是指雨雪降至地面后形成的初期地表径流。初期雨水水量水质与降雨强度、降雨历时、大气质量、区域建筑环境、地面状况有关，水量变化较大，成分较为复杂。尤其是大气悬浮物浓度较高、工业粉尘排放量大、机动车保有量大、工业废渣和建筑垃圾存放量大、建筑工地多且地面覆盖差的地区，初期雨水的污染物浓度往往会超过生活污水浓度，对水环境产生较为严重的污染。

在农业生产方面，喷洒农药及施用化肥，一般只有少量附着或施用于农作物上，其余绝大部分残留在土壤和漂浮在大气中，通过降雨、沉降和径流的冲刷而进入地表水或地下水，造成污染。各种类型农药施用后，主要存在于土壤、水体、大气、农作物和水生生物体中，严重时造成污染。近年来，杀虫剂的扩大使用，导致物种的损失，并造成一些受保护水体的污染。

畜牧业的集中化，大型饲养场的增加，各种废弃物的排放，无疑会使接受液态废物的自然水体造成污染。牲畜饲养场排出的废物也是水体中生化需氧量和大肠杆菌污染的主要来源。肉类制品在过去的几年中产量急剧增加，随之而来的是大量的动物粪便直接排入饲养场附近水体。在杭州湾进行的一项研究发现，其水体中化学需氧量主要来自农业，化肥和粪便中所含的大量营养物是该水域自然生态平衡以及内陆地表水和地下水质量的最大威胁。用于灌溉的城市污水、工业废水，从城市汇集于城市下游农村的地面径流污水，农业牲畜粪便也是农作物、水产及地下水的重要污染源。据估算，全国畜禽养殖污染物排放量：有机物、总氮、总磷分别为 324.8 万 t、97.9 万 t 和 21 万 t，有机物排放量约占全国排放量的 18%，而且集中在大城市附近，畜禽养殖污染不容忽视。

二、水污染的危害

有关专家多项研究结果表示，我国水污染造成的经济损失占 GDP 的比率在 1.46%～2.84% 之间。水污染危害主要体现在以下方面。

（1）威胁人民身体健康

富营养化的湖泊、水库，孳生藻类，引起水源水质恶化，给水处理厂的正常运行带来了许多困难，甚至使其无法运行，产生的藻类毒素及其衍生物对人体健康构成威胁。

水环境污染对人体健康的危害最为严重，特别是水中的重金属、有害有毒有机污染物及致病菌和病毒等。世界卫生组织（WHO）认为，已知疾病中约 80% 都与水污染有关系。许多疾病通过水体媒介传播，如：①肠道传染病，包括阿米巴痢疾、细菌性痢疾、病毒性肝炎、伤寒、霍乱及小儿麻痹症等；②肠道寄生虫病，如蛔虫、蛲虫、滴虫和绦虫等；③皮肤病，如皮疹、黄水疮和癣等；④红眼病；⑤钩端螺旋体病；⑥血吸虫病等。由于病毒广泛存在于各种受污染水体中，对人体健康的危害十分严重。很多化学药品及重金属污染生活用水，会使人们多发心血管病、肝硬化、癌症等。20 世纪 50—60 年代以来，世界发生过数十起严重的水污染事件，例如日本爆发的"水俣病"。

（2）危害水体生态系统

大量的污染物直接注入海域，导致富营养化湖泊、水库因藻类大量繁殖覆盖水面，水生生态系统紊乱、功能失调，溶解氧下降，底栖生物种类极度贫乏，且生物量呈明显两极分化；海水中细菌及病毒含量增高，海水产品质量下降。如废水中的重金属、杀虫剂、石油及有机物对江河湖海的污染会使鱼类大面积死亡。1980 年，英国泰晤士河就因水污染而使水生生物基本灭绝。水体受污染后，对环境的生态系统会造成很大危害，严重时会使水体生态平衡破坏，物质循环终止，水生生物因急性或慢性中毒而死亡。

(3)影响工农业生产

有些工业部门,如电子工业、食品工业对水质要求高,水中有杂质,会使产品质量受到影响。某些化学反应也会因水中的杂质而发生,使产品质量受到影响。废水中的某些有害物质还会腐蚀工厂的设备和设施。废水中的有害物质,不但恶化土质,还会使农作物及森林、草原植被受损或死亡。如锌的质量浓度达到0.1~1.0mg/L 即会对作物产生危害,5mg/L 使作物致毒,3mg/L 对柑橘有害。[①] 另外,还会导致养殖生物大量死亡,20 世纪 90 年代初期近岸海域水产养殖大量死亡事件呈上升趋势,有些水体的养殖功能完全丧失。

第三节 水中污染物组分及衡量指标

一、物理组分及衡量指标

(一)温度

温度是常用的物理指标之一。由于水温对污水的物理处理、化学处理和生物处理具有影响,通常必须加以测定。

生活污水水温年变化在 10℃~25℃ 之间。而工业废水的温度同生产过程有关、变化较大。大量高温的工业废水直接排入水体,将会影响水生生物的正常生活;如果高温污水进入污水处理厂,也将会对污水的生物处理不利。

---

① 任南琪,赵庆良.水污染控制原理与技术.北京:清华大学出版社,2007:6

（二）色度

水质标准中对颜色的规定主要基于感官上不能引起不快。水体色度主要会降低水体的透光度，从而影响水生生物的生长。

色度是一种通过感官来观察污水颜色深浅的程度，洁净水是无色透明的，被污染了的水则其色泽加深，人们一般从污水的色度可以粗略地判断水质的好坏，如二类污水色度（稀释倍数）一级标准在 50～80，二级标准在 80～100。

在测定水的色度之前，要先将水样静置澄清或离心取其上清液，也可用孔径为 $0.45\mu m$ 的滤膜过滤去除悬浮物，但不可以用滤纸过滤，因滤纸可能会吸附部分真色。主要的测定方法包括铂钴标准比色法（GB 11903—89）和铬钴比色法、稀释倍数法（GB 11903—89）和分光光度法。

污水的色度在进入环境后，会对环境造成表观的污染。有色污水排入水体后，会减弱水体的透光性，影响水生生物的生长。带有颜色的废水主要来源于纺织、印染、染料等行业。颜色不仅使人产生厌恶感，也会对自然水体的自净能力产生很大的影响。

（三）浊度

水中含有泥土、细砂、无机物和浮游生物等悬浮物和胶体物都可以使水体变得浑浊而呈现一定浊度。色度是由水中的溶解性物质引起，而浊度则是由不溶解物质引起。

尽管生活污水和工业废水主要通过悬浮物这一指标反映水中悬浮固体的多少，但在实际污水处理过程中，因为浊度测定较之悬浮物更为简便、快捷，易于实现在线监测，所以经常通过测定浊度达到随时调整所投加化学药剂的量，获得好的出水水质的目的。

在水质分析中规定，每升水中含 1mg 一定粒径（$d\approx400\mu m$）的二氧化硅作为一个浊度单位，即 1 度。这种标准现在已不再应用，目前所采用的测量浊度的仪器为散射浊度计。

测定浊度的方法主要有分光光度法（GB 13200—91）、目视比浊法（GB 13200—91）和浊度仪法。

（四）悬浮物

水质指标规定：悬浮物是不能通过孔径为 $0.45\mu m$ 过滤器（滤纸或滤膜）的固体物质，是指水中含有的不溶性物质，包括固体物质和泡沫塑料等。一般所指的固体污染物，主要是固体悬浮物（SS），它的透光性差，使水质浑浊，影响水生生物的生长，大量的悬浮物还会造成河道阻塞。

美国水回用建议指导书中规定：用于草皮农场、果园、葡萄园、非食用作物的灌溉和风景景观塘湖、建筑的使用、工业回用及环境回用水中的固体悬浮物 SS≤30mg/L；美国灌溉水质指南中规定总溶解固体（TDS），在农业中（柠檬和鳄梨）≤1000mg/L，风景区（草）≤2000mg/L。

（五）臭

纯净的水无味无臭，当水体受到污染后会产生异味。水的臭味主要是由有机物腐败产生的气体或工业废水的挥发性气体造成。如氨、胺、二元胺、H_2S 等，产生刺鼻、恶心和腥臭的味道，导致人体生理的明显反应，臭味给人以感官不悦，甚至会危及人体生理，使人呼吸困难、呕吐，故臭味是检验原水和处理水质的必测项目之一。

臭味表征一般采用文字描述。准确的定量测定是将待测水样稀释到接近无臭程度的稀释倍数。

（六）电导率

电导是电阻的倒数，单位距离上的电导为电导率。电导率表示电离性物质的总数，间接表示了水中溶解盐的含量。电导率的大小同溶于水中的物质溶度、活度和温度有关。电导率用 K 表示，单位为 S/cm 或 $1/(\Omega\times cm)$。

不同类型水的电导率不同。新鲜蒸馏水的电导率为 $0.5\sim2\mu S/cm$，但放置一段时间后，因吸收了 CO_2，增加到 $2\sim4\mu S/cm$；超纯水的电导率小于 $0.10\mu S/cm$；天然水的电导率为 $50\sim500\mu S/cm$；矿化水可达 $500\sim1000\mu S/cm$；含酸、碱、盐的工业废水电导率一般大于 $10000\mu S/cm$；海水的电导率为 $30000\mu S/cm$。

常用的测定方法为电导仪法。

二、化学组分及衡量指标

（一）pH 值

天然水的 pH 值大多在 $7.2\sim8.0$ 之间。水体受到酸、碱污染后，pH 值发生变化，当水体 pH 值小于 6.5 或大于 8.5 时，水中微生物生长受到抑制，水体自净能力受阻，还会腐蚀船舶和水中设施。

在我国，再生水用作循环冷却补充水、市区景观河道用水、生活杂用水的 pH 值范围为 $6.5\sim9.0$；农田灌溉为 $5.5\sim8.5$；景观娱乐用水及渔业养殖用水为 $6.5\sim8.0$ 等。在国外，美国对电厂和工业循环冷却水的 pH 规定为：低压 $7.0\sim10.0$，中压 $8.2\sim10.0$，高压 $8.2\sim9.0$，日本工业用水中规定 pH 值为 $5.8\sim8.6$，实际应用中，如在东京、川崎、名古屋分别达到 6.8、6.8 和 6.9，几乎接近中性水；在市政杂用方面，美国、日本基本都为 $5.8\sim8.6$。从以上数据可看出 pH 值的规定范围在国内外基本上一致，变化不大，但国外在 pH 值标准的划分上更系统化，分类较明确。

通过对 pH 值的测量，可以估计哪些金属已水解沉淀，哪些金属还留在水中。测定 pH 值最常用的方法是酸度计法、标准缓冲溶液比色法和酸碱滴定法。

（二）碱度

碱度是指污水中含有能与 H^+ 发生中和反应的物质总量。地面水的碱度基本上是由氢氧化物碱度、碳酸盐碱度和重碳酸盐碱度组成。当水中含有硼酸盐、磷酸盐或硅酸盐等时,碱度应包含这些部分盐类的作用。在废水等复杂体系的水体中,还含有碱类、金属水解性盐类等碱度组成部分。污水中碱度非常重要,它使污水处理系统具有一定的缓冲能力,能避免因 pH 值的急剧变化(如硝化反硝化过程)而对生物处理系统带来不良影响。此外,碱度对处理尾水农业灌溉有影响。所以碱度指标常用于评价水体的缓冲能力,是对水和废水处理过程控制的判断性指标。

碱度一般用 $CaCO_3$ 浓度表示(以 mg/L $CaCO_3$ 计)。碱度的测定通常采用中和滴定法,但其测定值往往会因使用指示剂终点 pH 值的不同而有一些差异,只有当试样中的化学组成已知时,才能解释为具体的物质。对于天然水和未污染的地表水可直接以酸滴定至 pH 值=8.3 时消耗的量,为酚酞碱度。以酸滴定至 pH 值为 4.4～4.5 时消耗的量,为甲基橙碱度。

测定水中碱度的方法有酸碱指示剂滴定法和电位滴定法。前者用酸碱指示剂指示滴定终点,适用于一般非浑浊、低色度地面水;后者用 pH 计指示滴定终点,适用于水样浑浊、有色干扰水样的测定。

(三)水中的氯化物和余氯

氯化物几乎存在于所有的水和废水中。天然淡水中氯离子含量较低,约为几毫克每升,其来源主要为水源流经含氯化物的地层时所带入;而在海水、盐湖及某些地下水中,氯离子可高达数十克每升,因为食盐是人们日常饮食所必需,且经过消化系统后不发生任何变化,因此生活污水含有相当数量的氯离子;不少工业废水也含有大量氯离子。通常,氯离子的含量随水中矿物质的增加而增多。

饮用水中氯离子含量较低时,于人体无害;含量较高时,会因相应阳离子的存在而影响其口感。如当氯离子含量为 250mg/L,且相应阳离子为钠时,就会感觉到咸味;而当氯离子含量高达

1000mg/L,相应阳离子为钙、镁时,也不会有显著的咸味。工业用水中氯离子含量过高,会对金属管道、锅炉和构筑物产生腐蚀作用。另外,过多的氯离子会妨碍植物的生长,不适合灌溉。

为了破坏或灭活水中的病原微生物,给水或废水排放前,常对其进行消毒处理。水消毒的方法多种多样。例如将水煮沸就是一种简单有效的消毒方法,臭氧、紫外线、二氧化氯等消毒方法也有应用,但目前应用最广且经济有效的方法首推氯化消毒。最早于1850年,西方专家已将水的氯化消毒作为流行病发生期间的一种应急给水处理措施,但直到1904年,英国才在其公共供水系统中采用了连续的氯化消毒法。时至今日,该法已成为给水的一项常规处理工艺。

常用的氯消毒剂有液氯、漂白粉[$Ca(ClO)_2$]、漂粉精[$3Ca(ClO)_2 \cdot 2Ca(OH)_2 \cdot 2H_2O$]和二氧化氯[$ClO_2$]等。在水处理中,氯除了作为消毒剂,还可用作强氧化剂,可用来处理含氰、含硫废水和对废水进行脱色、脱臭等。

氯可以与水中许多物质发生反应,尤其是还原性物质(包括无机物和有机物)。当水中有氨存在时,氯和次氯酸易与氨反应牛成一氯胺、二氯胺和三氯胺(三氯化氮)。氯与水中的酚反应产生一氯酚、二氯酚、三氯酚等使水产生臭味的物质。氯和次氯酸还会与水中的腐殖质反应生成多种卤代副产物,其中最有代表性的是三卤甲烷(THMS),是一类致癌物质。基于上述原因,目前人们致力于研究其他更为安全的消毒剂,二氧化氯即是较有前途的一种。它的消毒效率与次氯酸不相上下,在较高pH值条件下也能发挥作用,它不与氢生成氯胺,也不与有机物生成三卤甲烷,此外,它还可以有效破坏酚类化合物,不会使水产生异味。当然,二氧化氯的使用也受到一些制约,如它不稳定,必须在现场制备等。

在水的氯化消毒过程中,所投加的氯经过一定接触时间后,除了与水中的细菌和还原性物质发生作用被消耗外,还应有适量的剩余氯留在水中,以保证持续的杀菌能力,这部分氯称为余氯。

水中具有杀菌能力的 Cl_2、$HOCl$ 和 OCl 称为游离性余氯，NH_2Cl、$NHCl_2$ 和 NCl_3 等称为化合性余氯。在相同时间内，游离性余氯的杀菌能力更强，二者之和称为总余氯。在水的氯化消毒处理中，若加氯量过少，不能完全达到杀菌的目的；若加氯量过多，既不经济又会使水产生刺鼻的臭味。因此，选择合适的加氯量是一个非常实际的问题，它通过需氯量试验确定。

需氯量是指在一定条件（温度、pH 值、接触时间等）下，单位体积水样中所投加的氯量与为达到预期氯化结果所需的剩余氯量之差：需氯量＝加氯量－余氯。需氯量包括水中细菌和其他还原性物质（包括部分无机物和有机物）所消耗的氯量以及氯在水中被光解的量。

水中氯离子的测定可采用容量法，包括硝酸银滴定法（GB 11895—89）、硝酸汞滴定法、电位滴定法、离子色谱法。

（四）水中的含氮化合物

氮是形成蛋白质的重要元素，是植物的重要营养物质。氮主要来源于动植物残体、人畜粪便和尿液、土壤和盐矿、大气雷电等。

氮有七种价态：

$$-3 \quad 0 \quad +1 \quad +2 \quad +3 \quad +4 \quad +5$$
$$NH_3 \quad N_2 \quad N_2O \quad NO \quad N_2O_3 \quad NO_2 \quad N_2O_5$$

氮在环境中存在的形态复杂，常见的有氨（NH_3）、铵盐（NH_4^+）、氮（N_2）、亚硝酸盐（NO_2^-）和硝酸盐（NO_3^-）。在废水中，氮主要以有机氮、氨氮、亚硝酸盐氮（NO_2^-）和硝酸盐氮（NO_3）四种形式存在。氮素能导致水体微生物大量繁殖和富营养化，从而消耗水中的溶解氧，使水体质量恶化。因此，新出台的城镇污水处理厂出水排放标准（GB 18918—2002）对污水处理厂出水氨氮和 TN 提出更加严格的要求。氮成为衡量水质的重要指标之一。

氮的表征指标与氮化物关系如下：有机氮、氨氮、硝酸氮和亚硝酸氮四者总和叫总氮（TN）；有机氮和氨氮的之和称凯氏氮

（KN）；硝态氮为总氮和凯氏氮之差。由于污水大多只有有机氮和氨氮存在，凯氏氮基本代表了进水的氮含量，常被用来判断污水好氧生物处理时氮素是否适宜，根据 C：N：P＝100：5：1 的比例，若氮的比例偏低则要补氮，反之要脱氮。

总氮包括溶液中所有含氮化合物，测试方法一般采用容量法。凯氏氮测定一般采用容量法，当低含量时使用分光光度法，高含量时使用滴定法，也可采用气相分子吸收光谱法（HJ/T 196—2005）测定凯氏氮。氨氮的测定方法有气相分子吸收光谱法（HJ/T 195—2005）、容量法、纳氏比色法、水杨酸一次氯酸盐比色法和电极法等，当氨氮含量很高时，可采用蒸馏－酸滴定法，测试结果均以氮的质量浓度（mg/L）计。硝酸氮测定常用酚二磺酸光度法、离子色谱法和电极法等。铵的测定常采用水杨酸分光光度法。

大气中的 N_2 可以通过植物的固氮作用转变为有机氮化合物，有机氮化合物在氨化细菌的作用下，转变为 NH_3，亚硝化细菌可以将其氧化为 NO_2，通过硝化细菌作用进一步将 NO_2 氧化为 NO_3，植物和微生物可以利用 NO_3^-、NH_4^+ 合成自身的蛋白质等物质。NO_3^- 在缺氧条件下，可以被反硝化为 NO_2^-，并最终还原为 N_2 释放到大气中，如此便构成了一个完整的氮循环。其中发生的一些生化过程可以用反应方程式表示如下：

$$N_2＋某些细菌→有机氮$$
$$NO_3^-＋CO_2＋绿色植物＋阳光→有机氮$$
$$NH_3＋CO_2＋绿色植物＋阳光→有机氮$$
$$合机氮＋细菌→NH_3$$
$$NH_3＋O_2＋亚硝化细菌→NO_2^-$$
$$NO_2^-＋O_2＋硝化细菌→NO_2^-$$
$$NO_3^-＋反硝化菌→NO_2^-$$
$$NO_2^-＋反硝化菌→N_2$$

亚硝酸盐的测定方法主要有气相分子吸收光谱法（HJ/T 197—2005）、N-(1-萘基)-乙二胺比色法（GB 13589.7—92）、α-萘胺比色法（GB 13589.5—92）、分光光度法（GB 7493—87）和离子色谱法等。

硝酸盐氮的测试方法主要有气相分子吸收光谱法（HJ/T 198—2005）、酚二磺酸光度法（GB 7180—87）、镉柱还原法、紫外分光光度法、离子色谱法和电极流动法等。

（五）水中的含磷化合物

磷是生物细胞新陈代谢过程中起能量传递和贮存作用的辅酶-三磷酸腺苷（ATP）和二磷酸腺苷（ADP）的重要组分。在天然水和废水中，磷可以各种磷酸盐包括正磷酸盐、焦磷酸盐、偏磷酸盐、多磷酸盐以及有机磷（如磷脂等）的形式存在。水体中的磷可分为有机磷与无机磷两大类。有机磷多以葡萄糖-6-磷酸，2-磷酸-甘油酸及磷肌酸等胶体和颗粒状形式存在，可溶性有机磷只占 30% 左右。无机磷几乎都是可溶磷酸盐形式存在，如正磷酸盐（PO_4^{3-}）、磷酸氢盐（HPO_4^{2-}）、磷酸二氢盐（$H_2PO_4^-$）和偏磷酸盐（PO_3^-）等，此外还有聚合磷酸盐如焦磷酸盐（$P_2O_7^{4-}$）、三磷酸盐（$P_3O_{10}^{5-}$）和三磷酸氢盐（$HP_3O_9^{2-}$）等。

水体中磷含量一般较低，但当其超过 0.035mg/L 时可造成藻类过度繁殖，使湖泊、河流透明度降低，水质变坏。在城镇污水中，磷的含量一般在 4～16mg/L 之间。化肥、冶炼、合成洗涤剂等行业的工业废水常含有较高含量的磷。磷是生物生长必需的元素之一，在锅炉给水中，磷酸盐常被用来作为防垢剂。但磷在水体中的过量存在会给环境带来危害。因此，磷是评价水质的重要指标之一。

水中含磷化合物主要分为三类：正磷酸盐（PO_4^{3-}、HPO_4^{2-}、$H_2PO_4^-$）、缩合磷酸盐（$P2O_7^{4-}$、$P_3O_{10}^{5-}$、$(PO_3)_3^{3-}$）和有机磷（农药、酯类、磷脂质等）。其中缩合磷酸盐水解为正磷酸盐。温度越高、pH 值越低，水解越快。

$$Na_4P_2O_7 + H_2O \rightarrow 2Na_2HPO_4$$

水中各种形式的含磷化合物又可分为溶解性和悬浮性两类。

水中磷的测定包括溶解性正磷酸盐（PO_4^{3-}）、总溶解性磷和总磷。水样经 $0.45\mu m$ 滤膜过滤后的滤液可直接测定可溶性正磷酸盐含量，滤液再经消解可测定可溶性总磷酸盐含量。PO_4^{3-} 的测定包括钼酸铵分光光度法（GB 11893—89）、孔雀绿-磷钼杂多酸分光光度法、氯化亚锡比色法和离子色谱法等方法。水样经消解后将废水中一切含磷化合物都转化成 PO_4^{3-} 后再进行总磷测定。总磷测定常用方法是钼酸铵分光光度法。随着仪器分析技术的发展及其普及率的提高，水样中总磷的 ICP-AES 或 ICP-AES-MS 等测定技术已成为新的发展方向。水中有机磷的分析方法多采用气相色谱法或高效液相色谱法。

（六）水中的含硫化合物

硫是构成蛋白质的五种基本元素（C、H、O、N 和 S）之一，硫在自然中的含量比较丰富，主要存在于多种矿石中，如黄铁矿（FeS_2）、辉铜矿（Cu_2S）、黄铜矿（$CuFeS_2$）等，硫化矿露出地表，被氧化生成硫酸盐等。

硫酸根是天然水体中八个主要离子（HCO_3^-、SO_4^{2-}、Cl^-、SiO_3^{2-}、$Na+$、K、Ca^{2+}、Mg^{2+}）之一。在淡水中，SO_4^{2-} 的含量仅次于 HCO_3^-；在海水中，除 Cl^- 外，含量最高的阴离子便是 SO_4^{2-}。地表水和地下水中的 SO_4^{2-} 主要来源于岩石土壤中矿物组分的风化和溶解。火山爆发释放出的 SO_2 和化石燃料燃烧排放出的 SO_2，在空气中被催化氧化，形成硫酸或硫酸盐，并随着降水进入水体。化工、制药、造纸、农药、化肥等行业废水中也含有较多的 SO_4^{2-}。

地下水、特别是温泉水中常含有硫化物，以 H_2S、HS^-、S^{2-} 等形式存在，它们的比例取决于水的 pH 值。通常地表水中硫化物含量不高，受到污染时，水中的硫化物主要来自在厌氧条件下硫酸盐和含硫有机物的微生物还原和分解。生活污水中有机硫化物含量较高，某些工业废水，如石油炼制、人造纤维、印染、制革、焦化、煤气、造纸等废水中也会含有硫化物。另外，硫化物还可以金属硫化物、有机硫化物等形态存在于水中。

硫酸盐的测试方法有气相分子吸收光谱法（HJ/T 200—2005）、硫酸钡重量法（GB 11899—89）、铬酸钡光度法、铬酸钡间接原子吸收法（GB 13196—91）、EDTA 容量法和离子色谱法等。

水中硫化物的测定方法有碘量滴定法、亚甲基蓝分光光度法（GB/T 16489—1996）、直接显色分光光度法（GB/T 17133—1997）和硫离子选择电极法等。

（七）金属离子

（1）汞

汞及其化合物都有毒。无机盐中以氯化汞毒性最强，有机汞中以甲基汞、乙基汞毒性最强。汞是唯一一种在常温下呈液态的金属，有较高的蒸气压，容易挥发，汞蒸气可由呼吸道进入人体，液体汞亦可被皮肤吸收，汞盐可以粉尘状态经呼吸道或消化道进入人体，食用被汞污染的食物，可造成慢性汞中毒。水中微量的汞可经食物链作用而成百万倍地富集，工业废水中的无机汞可与其他无机离子反应，形成沉积物沉于江河湖泊的底部，与有机分子形成可溶性有机络合物，结果使汞能够在这些水体中迅速扩散，通过水中厌氧微生物作用，使汞转化为甲基汞，从而增加汞的脂溶性。甲基汞非常容易在鱼、虾、贝类等体内蓄积，人食用被汞污染的鱼、虾、贝类后会引起"水俣病"。该病消化道症状不明显，主要为神经系统症状，重者可有刺痛异样感，动作失调，语言障碍，耳聋，视力模糊，以致精神紊乱、痴呆，死亡率可达 40%，且可造成婴儿先天性汞中毒。

天然水含汞极少，水中汞的本底质量浓度一般不超过 0.1×10^{-9} mg/L。由于沉积作用，底泥中的汞含量会大一些，本底值的高低与环境地理地质条件有关。我国规定生活饮用水的含汞量不得高于 0.001mg/L，工业废水中汞的最高允许排放浓度为 0.05mg/L，这是所有排放标准中最严格的。地面水汞污染的主要来源是贵重金属冶炼、食盐电解制钠、仪表制造、农药、军工、造纸、氯碱工业、电池生产、医院等工业排放的废水。

由于汞的毒性强,来源广泛,汞作为重要的测定项目为各国重视,分析方法较多。化学分析法有硫氰酸盐法、双硫腙法、ED-TA络合滴定法及沉淀重量法等。仪器分析法有阳极溶出伏安法、气相色谱法、中子活化法、X射线荧光光谱法、冷原子吸收法、冷原子荧光法。

(2)砷

砷不溶于水,可溶于酸和王水中。砷的可溶性化合物都具有剧毒,三价砷化合物比五价砷化合物毒性更强。砷在饮用水中的最高允许浓度为 0.01×10^{-6} mg/L,口服 As_2O_3 5～10mg/L 可造成急性中毒,致死量为 60～200mg/L。砷的质量浓度为 1～2mg/L 时对鱼有毒。

地面水中砷的污染主要来源于制革、玻璃、制药和农药等工业废水,化学工业、矿业工业的副产品会含有气体砷化物。

近年来砷被认为是体内微量元素之一,它是细胞浆中的成分,是细胞代谢过程中的一种触酶。用砷化物制造的农药,可用以控制植物的生长和淘汰湖泊中不需要的鱼种。

(3)铅

铅的污染主要来源于铅矿的开采、含铅金属冶炼、橡胶生产、含铅油漆颜料的生产和使用、蓄电池厂的熔铅和制粉、印刷业的铅版和铅字的浇铸、电缆及铅管的制造、陶瓷的配釉、铅质玻璃的配料以及焊锡等工业排放的废水。汽车尾气排出的铅随降水进入地面水中,亦造成铅的污染。

铅通过消化道进入人体后,即积蓄于肝、肾、脾、大脑等处,形成所谓"储存库",以后慢慢从中释放,通过血液扩散到全身,引起严重的累积性中毒。地面水中,天然铅的平均值大约是 $0.5\mu g/L$,地下水中铅的质量浓度在 1～60$\mu g/L$ 之间。铅进入水体中与其他重金属一样,一部分被水生物浓集于体内,另一部分则随悬浮物絮凝沉淀于底质中,甚至在微生物的参与下可能转化为四甲基铅。铅不能被生物代谢所分解,在环境中属于持久性污染物。

（4）铬

铬在水体中以六价铬（CrO_4^{2-}、$HCr_2O_7^-$、Cr_2O）和三价铬的形态存在，前者毒性大于后者，人体摄入后，会引起神经系统中毒。《地面水环境质量标准》规定六价铬$\leqslant 0.01 \sim 0.1mg/L$，《渔业水域水质标准》与《农田灌溉水质标准》都规定不能大于$0.1mg/L$。[1]

（5）镉

镉是毒性较大的金属之一。镉在天然水中的含量通常小于$0.01mg/L$，低于饮用水的水质标准，在天然海水中更低。因为镉主要附着在悬浮颗粒和底部沉积物上，水中镉的浓度很低，欲了解镉的污染情况，需对底泥进行测定。

镉污染物不易分解和自然消化，在自然界中不断富集。废水中的可溶性镉被土壤吸附，形成土壤污染。土壤中可溶性镉又容易被植物吸收，导致食物中镉含量增加。人食用这些食品后，镉也随之进入人体，分布到全身各器官，主要储存于肝、肾、胰和甲状腺中。镉可随尿排出，但半衰期较长。

镉污染会产生协同作用，加剧其他污染物的毒性，实际上，单一的含镉废水很少见。我国规定，镉及其化合物，工厂最高允许排放浓度为$0.1mg/L$，并不得用稀释的方法代替必要的处理。镉污染主要来源于以下几个方面：金属矿的开采和冶炼；印染、农药、陶瓷、蓄电池、涂料、塑料、试剂等化学工业；生产轴承、弹簧、电光器械和金属制品等机械工业。

三、有机污染物组分及指标

目前，水中有机物常采用 BOD、COD 和 TOC 等综合性指标。事实上，许多痕量有毒有机物对综合指标 BOD、COD、TOC 和

---

[1] 李宏罡. 水污染控制技术. 2 版. 上海：华东理工大学出版社，2011：12

TOD 等的贡献极小,但其危害不容忽视,甚至具有更大的潜在危害。在某些条件下,综合指标并不能充分反映有机污染的状况。在一些特殊情况下,例如在环境监测、工程实践,尤其是科研活动中,为了尽量、尽快地摸清水中有机污染的种类,或是探讨有机物在环境中的迁移转化规律,有时也要求测定某种有机物的含量。为了测定这些单个的有机化合物,就需要采取一些特殊的高效分离、分析手段。

(一)化学需氧量(Chemical Oxygen Demand,COD)

COD 表示在一定条件下,用化学氧化剂氧化废水中的有机物使其生产 CO_2 和 H_2O 时所消耗的氧量,单位也是 mg/L。常用的氧化剂有重铬酸钾和高锰酸钾。

用重铬酸盐来氧化废水中的有机物所需的氧气量用下式所示:

$$C_nH_aO_bN_c+dCr_2O_7^{2-}+(8d+c)H^+\longrightarrow nCO_2+H_2O+cNH_4^++2dCr^{3+}$$

其中

$$d=\frac{2n}{3}+\frac{a}{6}-\frac{b}{3}-\frac{c}{2}$$

从实际操作的角度看,COD 法的优点之一就是它可以在大约 2h 内完成,而 BOD 法则需要 5d 甚至更多;COD 的另一个优点是测定结果的重现性比 BOD 好。

COD 克服了 BOD 所存在的一些缺陷,人们希望能找到 COD 和 BOD 之间的定量关系,这样就可以得到测定速度快且准确的表征废水中需氧有机物的数量,但实际上两者之间的定量关系不存在,不同的废水 COD 和 BOD 数值之间的差别很大,一般是 COD 高于 BOD。产生差别的原因如下:①废水中存在许多很难被生物氧化的有机物,但这些有机物可以被化学氧化,如木质素等,所以会造成 COD 数值偏高;②废水中的某些无机物也可以被重铬酸盐氧化,这也增加了水样的表观有机物含量;③有些有机物对 BOD 测量时所用的微生物是有毒的。

用高锰酸钾为氧化剂所测得的 COD 称为高锰酸盐指数或 OC,

也称为化学耗氧量。高锰酸盐指数一般用于低污染废水的表征。

20 世纪 60 年代以来,环境污染日益严重,又因高锰酸钾的氧化率(仅为 50％左右)等因素的限制,而重铬酸钾的氧化率可达 90％左右,使得重铬酸钾法已成为国际上广泛认定的 COD 测定的标准方法,重铬酸钾法应用的范围越来越广,适用于生活污水、工业废水和受污染水体的测定。

(二)生化需氧量(BOD_n)

生化需氧量(BOD_n)是在一定条件下、一定时间内(n 是指天数或时数)氧化水样(20℃)中的有机物时,微生物所需溶解的分子氧的总量。

生化需氧量可评估某一水体中有机污染对氧含量影响的程度。有机质的生化降解或转变过程可通过两个阶段进行,这两个阶段不可截然分开:在第一阶段,有机物大部分分解为无机物;在第二个阶段,又称为硝化阶段,主要是氨氧化过程。这些氨是由含氮有机化合物转变为亚硝酸盐及硝酸盐过程中产生的。第一阶段反应中消耗的氧才是所要求的 BOD。

BOD 的测定受多种因素影响,如水中有机质的性质及浓度,微生物的性质、数量及适应性,供微生物用的营养物的性质和量,培养时间(指消耗氧的时期),温度,光的影响,有毒物质对生物和生物化学的影响。

BOD_5 是指在 20℃下、微生物在 5d 的培养期间内氧化分解水中的有机质所用的溶解氧分子的量。对于表面水 BOD 的测定,也可根据不同的实验目的,选用 24h、10d 或 20d。

在国外,水质指标中 BOD 和 COD 的要求高于我国,尤其是 COD。日本市政及景观游览用水中规定 $BOD_5 \leqslant 10mg/L$,$COD_{Cr} \leqslant 1mg/L$。以色列灌溉中水中 BOD 的要求较我国明确,其中:纤维、甜菜、谷物、森林用水 $\leqslant 60mg/L$;青饲料、干果用水 $\leqslant 45mg/L$;果园、熟食蔬菜、高尔夫球场用水 $\leqslant 35mg/L$;其他农作物、公园、草地用水 $\leqslant 15mg/L$。美国中水建议指导书中规定:城市再利用、农业再利用及风景河道湖泊用水 $BOD_5 \leqslant 10mg/L$；而限制公众穿越的场地的灌溉、食用作物灌溉、非食用作物的灌溉、风景景观塘湖（不允许公众与再生水接触）、建筑的使用、工业回用及环境回用水 $BOD_5 \leqslant 30mg/L$。

（三）总有机碳（TOC）

生化需氧量（如 BOD_5）和化学需氧量（COD）不能简单地转换成有机物质总量，为此，另外引入参数来确定有机结合碳总量（TOC）和溶解有机碳含量（DOC）。TOC 和 DOC 可以由它们所含有机结合碳的量正确地定义，并能采用现代化仪器分析方法比较准确地测量。然而，目前并不知道这些化合物的组成，所以这两个参数仅代表部分的总有机物质，不能定量地转变成总值。

为了测定 TOC/DOC，用紫外线或通过湿式化学方法或高温燃烧将水样中含有的有机物质氧化，就可测定释放出来的二氧化碳量。商品仪器常使用非色散 CO_2 红外分析装置，若采用火焰离子化检测器进行气体分析，逸出的 CO_2 必须首先在催化区转变成甲烷。没有一个测量体系是绝对的，因此必须用标准溶液校正仪器设备。常用来校正 TOC/DOC 的方法是邻苯二甲酸氢钾法。

因多数水样中既含有无机碳（CO_2、HCO_3、CO_3^{2-}），也含有有机结合碳，前者必须在 TOC/DOC 测定前通过释出法除去。若存在挥发性有机物，TOC/DOC 含量可从总碳含量和无机结合碳量的差异中计算出来。对于含有较大比例无机结合碳的水样，该方法误差较大。这些方法可用于 TOC 和 DOC 含量近于 $0.1mg/L \sim 1g/L$ 以上所有类型的水样。

（四）可吸收紫外线的有机组分

为确定溶于水中有机物的全部参数，作为 $K_2Cr_2O_7$ 法得到的化学需氧量（COD_{Cr}）和溶解有机碳（TOC 或 DOC）的一种补充，紫外吸收测量已成为一种快速测定光谱吸收系数的方法，它可作为测定溶解有机物含量的方法。基于此目的，测定于 254nm 波长下进行。

应用此方法时，必须保证水样清亮，因为混浊会产生错误结果。可通过采用平均孔径为 $0.45\mu m$ 的膜过滤水样消除混浊，也可用离心法。

硝酸盐离子在紫外范围内有吸收。测定波长越是低于260nm，这种干扰越大，因此建议在 254nm 的汞线下进行测定。可见吸收光谱的记录有助于得到进一步的信息，此方法可通过在汞线 436nm 可见光范围的光吸收的测定得到进一步补充。

（五）表面活性剂

表面活性物质就是通常所说的去垢剂或表面活性剂，它们被用作洗涤剂、工业产品的助剂及化妆品等，应用范围宽广。

大量的洗涤剂或其他工业产品，不仅包括阴离子表面活性剂，而且也包括阳离子表面活性剂、两性离子表面活性剂及非离子型表面活性剂。

大多数表面活性剂可溶于乙醇。因此，蒸发水样的残余物中可溶于乙醇的物质的含量，即表示水样中表面活性剂的含量。必须注意，其他可溶于乙醇的物质有干扰作用，且水样中一些无机物质也会进入乙醇提取液中，所以，对第一次提取液再进行第二次提取很有必要。很多去垢剂对干燥敏感，所以，乙醇提取液的干燥时间限制在 85℃下 2h。

（六）酚

酚是羟基与芳香环直接相连的一类物质的总称。最简单的为苯酚，苯酚的邻、间、对位，可以分别被不同取代基取代，生成一系列酚的衍生物，由于结构和分子质量不同，导致沸点不同。根据酚类能否与水蒸气一起蒸出，分为挥发酚（沸点在 230℃ 以下）与不挥发酚（沸点在 230℃ 以上）。废水中通常含有多种酚，因为不能都进行测定，现在仅监测挥发酚。

酚类化合物是一种原生质毒物，可使蛋白质凝固，酚的水溶液易被皮肤吸收，酚蒸气易由呼吸道吸入，从而引起中毒。酚属高毒物质，它随废水进入水体后，将严重影响地面水的卫生状况，水中酚含量在 0.3mg/L 以上时，可引起鱼类的逃跑；酚含量大于 5mg/L 时，会使鱼中毒死亡，残存的鱼具有酚臭。我国规定地面水酚类化合物最高允许浓度为 0.005mg/L，饮用水以加 Cl_2 消毒时不产生氯酚臭为准。酚污染源分布比较广泛，主要来自生产苯酚及苯类化合物的车间、绝缘材料和合成纤维、树脂（如酚醛树脂）、木材防腐厂及造纸厂等工业废水。

（七）油类物质

废水中的油类物质一般是指比水轻、能浮在水面上的液体物质。其主要影响是它不溶于水，进入水体后会在水面上形成薄膜，影响氧气的溶入，降低水中的溶解氧。水中油含量达到 0.01mg/L 时即可使鱼肉带有特殊气味而不能食用。油膜还能附在鱼鳃和其他水生生物的呼吸器官上，使生物呼吸困难，严重时会导致死亡，使水体的生物链受到破坏，物种减少。含油废水对植物也有影响，妨碍通气和光合作用的进行，使农作物减产，甚至绝收。石油进入湖泊和海洋后不仅对水体造成影响，还会影响海滨环境，特别是在游览水域。

近年来，不断发生的油轮触礁，导致大量原油泄露污染水体事件，已成为水体受矿物油污染的最主要原因。另外，炼油厂废水，石油运输过程的泄漏，油库的渗漏，大多数工业废水中或多或少地含有油类污染物。

表示废水中油类污染物含量的常用单位为 mg/L。[①]

四、微生物学特征及指标

（一）水中的微生物

微生物是肉眼无法看到的微小生物，通常仅由单个细胞组

---

① 孙体昌，娄金生.水污染控制工程.北京:机械工业出版社,2009:34

成。细胞的大小一般只有 $1\sim2\mu m$，其形状可为球形、棒形或螺旋形。细菌是水微生物学中最重要的微生物，病毒比细菌小得多。病毒分析很复杂，故一般水的生物分析都不做病毒分析。

藻类可以当作是水生微生物，通常用显微镜来检测和计数。

（二）指示生物

通常用来指示水中粪便污染的细菌是埃希氏大肠杆菌、粪链球菌、硫还原菌、厌氧菌和孢子生物。此外，大肠杆菌、伪单孢铜绿菌也可用于指示水中是否有影响卫生的细菌玷污。

（1）埃希氏大肠杆菌

埃希氏杆菌常生活于大肠，特别是人和温血动物的大肠，在大肠区外，它只能在水中和地上存活短暂时间。如果水中发现埃希氏杆菌，可以立即推断有致病的沙门氏菌、志贺氏菌和霍乱菌的存在。埃希氏菌在培养基中易于培养，而且其特殊的颜色系列代谢特征，很容易从其生化特性得以鉴别。埃希氏菌本身并不致病，但有些变种，例如病原埃希氏菌可引起婴儿及小孩腹泻。

规定饮用水的合格标准是在 100mL 水中（欧洲的矿泉水为 250mL）未检出埃希氏杆菌。

（2）粪链球菌

这里讨论的是属于血清类型 D 的链球菌，这类细菌也叫肠链球菌，寄居于人和温血动物的大肠，所以在水中检出它们表明受粪便污染。此外，它们比埃希氏杆菌表现出更大的环境耐受性。

粪链球菌可以用富氧培养的方法方便地检出。规定在 250mL 水中不得检出粪链球菌。

（3）硫还原菌和生成孢子的厌氧菌

生成孢子的梭菌生活于人和温血动物的大肠中，但它们也能在肠外生存繁衍较长时间，在孢子状态时生存时间更长，所以它们在水中的存在可能是很久以前的粪便污染引起的。这一类中特别重要的是产气夹膜杆菌，它是一种兼性病原菌，能引起气性坏疽。这些微生物都要在厌氧条件下培养。只有在有经过合格训练的操作人员的实验室才可以进行这种培养,以免对健康造成损害。由于梭菌孢子耐受力强,一般灭菌的处理往往无法杀死它们。

规定在 20mL 饮用水中不得多于 1 个硫还原菌和生成孢子的厌氧菌,在 50mL 矿泉水中不能检出上述细菌。

(4)大肠杆菌

大肠杆菌作为肠区细菌之一,其特点是能使乳糖发酵,生成气体和酸。关键在于判断属于肠区菌、克来伯斯菌和柠檬酸菌中的哪一类。在废水、地表水等处常有发现,也生活于温血动物的大肠内。

这种细菌可以在大肠外增殖,是水质卫生被破坏的标志,因为它不能在干净的地表水中存在。称之"类大肠杆菌"是指这些细菌在形态及生物化学上与埃希氏杆菌有类似。所以,可能有类大肠杆菌的菌落都应仔细鉴定。

规定在 100mL 饮用水中不应检出类大肠杆菌,在 250mL 矿泉水中不得检出。

(5)伪单孢菌属铜绿菌

伪单孢菌属铜绿菌从卫生角度看是一种有问题的细菌,它可在废水和被废水污染的表面水中存在,属于兼性病原菌,可使伤口感染化脓,还可引起人的耳朵发炎。在洁净水和泉水中不能发现伪单孢菌属铜绿菌,如若发现,则是该水受到废水或人类污染的标志。这种菌可在水中生存很长时间,对灭菌剂有较强的耐受力,能忍受 50℃温度。

规定伪单孢菌属铜绿菌应在 100mL 饮用水中不被检出,在 250mL 矿泉水中不得检出。

(三)致病菌

致病菌也称为病原微生物,是指进入人体后能导致人患某种疾病的微生物的总称。废水中的致病菌是由受疾病感染或携带某一特定传染病菌的人或动物的排泄物进入水体造成的。废水中的致病微生物可以划分为四大类：细菌、原生动物、寄生虫卵和病毒。来自于人类的细菌类致病微生物一般会引起胃肠疾病，如伤寒和副伤寒、发烧、痢疾、腹泻和霍乱。因为这些微生物传染性很强，所以它们每年都会在公共卫生条件差的地区引起成千上万人的死亡，特别是在热带地区。据估计，全世界有 45 亿人已经或正在感染某种寄生虫。因为致病细菌出现在受感染个体的粪便内，所以生活废水中包含有种类繁多、数量很大的致病和非致病微生物。生活废水中最常见的细菌类致病菌是沙门菌。沙门菌属包括许多类可以在人体和动物体内导致疾病的细菌。如沙门菌，它引起的伤寒发热，就是其中最严重的一种疾病。由沙门菌引起的最常见的疾病是被确定为沙门氏菌病的食物中毒。志贺氏杆菌是一种不太常见的细菌，它会引起杆菌痢疾和志贺氏细菌性痢疾等肠内疾病。

原始废水中分离出来的其他细菌包括弧菌、分支杆菌、梭菌、钩端螺旋体等。弧菌霍乱是霍乱的一种，人体是目前唯一已知的宿主，最常见的传播途径是水。城市废水中已经发现了分支杆菌结核病菌，在被废水污染的游泳水域流行此病已有报道。

经常有不明原因的由饮水传染的胃肠疾病报道，细菌成为怀疑对象。这种疾病一个潜在的来源就是平时被认为非致病的革兰氏阴性细菌。这些细菌包括致肠病的大肠杆菌和某些假单胞菌，它们会影响新生儿，并导致胃肠疾病爆发。弯曲菌已经被确认为人体细菌性腹泻的原因。当某种微生物被确认为动物疾病的病因时，那就意味着它也是人类爆发由饮水污染引起的疾病的原因。

五、毒理学特征及指标

毒理学实验是研究毒物与机体的作用机理，揭示"剂量效应"关系及其规律的一门科学。通过动物实验、生物化学研究和流行病调查等研究方法，从质和量上揭示毒物对人体的危害。描述毒物的毒性大小,一般用 LD_0、LD_{50}、LD_{100} 表示。

(1)最大耐受剂量 LD_0

表示不引起受试动物死亡的最大剂量。一般以 mg/kg 或 mL/kg 为单位表示。LD_0 越大,毒性越小,否则反之。

(2)半致死剂量 LD_{50}

表示某一试验总体的受试动物中,引起半数死亡的剂量或浓度。一般也以 mg/kg 或 mL/kg 为单位表示。

(3)绝对致死剂量 LD_{100}

表示引起受试动物全部死亡的最小剂量。LD_{100} 越小,毒性越大。

此外,还有 LC_{50} 表示半致死浓度,LT_{50} 表示半致死时间。[1]

第四节 水污染处理的方法和基本工艺流程

水污染处理是环境工程的分支,它包含了理论和实际工程中的基本原理,用来解决水污染处理和回用过程中的问题。水污染处理的最终目标就是保护公众健康,并使之与环境、经济、社会和政治相协调。为了做好水污染处理应具备以下几方面的知识:①废水的组成和表征方法;②当废水在环境中扩散时,这些组分对环境造成的影响;③在处理过程中这些组分的转变以及最终形态;④用来去除或改变废水中污染物的处理方法和各自的特点;⑤废水处理过程所产生的残渣的处理与处置方法。以上内容在本书中各章都有较详细的论述。此处仅就水污染处理方法和基本工艺流程进行简述。

---

① 任南琪,赵庆良.水污染控制原理与技术.北京:清华大学出版社,2007:13—30

一、水污染处理的方法

处理废水的方法很多,其分类方法也不同,常用的有两种。第一种是按污染物从废水中除去的方式分类,可分为三种:①分离处理,通过各种方法使污染物从废水中分离出来,一般不改变污染物的化学本性;②转化处理,通过化学或生物化学的方法,使废水中的污染物转化为无害的物质,或是转化为易于分离的物质然后再分离;③稀释处理,这种方法既不改变污染物的化学特性也不把污染物分离,而是通过稀释混合降低污染物的含量,但污染物的总量和性质不变,这是一种消极处理方法。

第二种分类方法是按废水处理的程度,或说按处理的阶段来分类。一般按处理的程度不同可把废水处理分为一级处理、二级处理和三级处理。一级处理也叫初级处理,该过程主要除去废水中的大颗粒悬浮物及漂浮物,很难达到排放标准。二级处理一般可以除去细小的或呈胶体态的悬浮物及有机物,有时也可以除去氮、磷等营养物质,一般能达到排放标准。三级处理也称高级处理,进一步除去废水中在二级处理后残留的胶体及溶解态污染物,达到回用的目的。具体见表1-8。[①]

表1-8　废水处理的级别及主要去除的污染物

处理级别	去除的主要污染物
一级处理	去除废水中可能给处理过程及辅助系统带来维修及操作问题的布屑、棍棒、漂浮物、砂粒、悬浮物和浮油
二级处理	去除可生物降解的可溶性有机物、细小的悬浮固体,有时包括去除氮、磷等富营养化物质。在常规的二级处理中一般还包括消毒
三级处理	去除二级处理之后的残余悬浮固体、难去除的有机物、可溶性无机物。消毒也是三级处理的一部分

按第二种分类方法,废水处理常用的方法概述如下。

[①]　孙体昌,娄金生.水污染控制工程.北京:机械工业出版社,2009:6—9

（一）一级处理

（1）重力分离方法

依靠重力的作用，使污染物分离，又分为沉降分离和上浮分离。沉降法用于除去水中密度比水大的污染物，上浮法用于除去水中密度比水小的漂浮物。

（2）阻力截留法

利用筛网等与悬浮固体之间几何尺寸的差异截留固体悬浮物，包括格栅、筛网和粒状介质截留法。

（3）稀释法

用没有污染物的或污染物含量低的水与污染物含量高的水相互混合而降低污染物含量的方法。

（4）中和法

利用酸碱中和原理来消除废水中酸或碱污染物的方法。

废水的一级处理方法较简单，经一级处理的废水多数情况下达不到排放标准，需要进一步处理。

（二）二级处理

（1）气浮法

利用废水中污染物的疏水性或是添加某种药剂使废水中的污染物变得疏水，然后向废水中通入气泡，疏水的污染物就会吸附到气泡上，而随气泡浮到水面上形成泡沫层，把泡沫层与水分离即可实现污染物与水的分离。

（2）混凝法

向废水中投加电解质或混凝剂或通过机械搅拌，使废水中呈胶体状态存在的污染物互相凝聚，形成大而重的絮凝体，然后再用重力沉降法分离。

（3）萃取法

利用分配定律的原理，用一种与水不互溶，而对废水中某些污染物溶解度大的有机溶剂，从废水中分离除去污染物。

（4）氧化还原法

向废水中投加氧化剂或还原剂,将有害的污染物氧化或还原为无害或危害较小的物质。

（5）电解法

利用电化学基本原理,使废水中的污染物通过电解过程在阴、阳极上分别发生还原或氧化反应转化为无害物质,以实现废水净化。

（6）生物法

利用水中的微生物来氧化分解污染物,生物法又可分为好氧生物法和厌氧生物法。好氧生物法是在水中有溶解氧存在的条件下,利用好氧微生物和兼性微生物降解污染物。厌氧生物法是在无溶解氧的条件下,利用厌氧微生物和兼性微生物降解废水中污染物。生物法是目前应用较广的二级废水处理方法,特别是城市废水,几乎都是用生物法处理。

（7）吹脱法

使空气与废水充分接触,使溶解在废水中的气体或易挥发性污染物扩散到空气中而除去。

（8）汽提法

利用蒸汽直接加热废水至沸腾,挥发性污染物随水蒸气一起逸出而除去。当污染物含量高时,可把蒸汽冷凝后回收污染物。

（三）三级处理

（1）吸附法

使废水与固体吸附剂接触,分子或离子状态的污染物吸附于吸附剂上,然后分离水与吸附剂即可实现污染物与水的分离。一般吸附剂再生后可以循环使用。

（2）膜分离法

按作用原理的不同,膜分离法可分为超过滤、电渗析和反渗透三种。超过滤也称为精密过滤,它也是利用过滤介质除去废水中污染物的方法,与一般过滤不同的是超过滤所用的介质孔径很小，一般为 $1\sim0.1\mu m$。这种方法可以除去水中的胶体物质或大分子的污染物。电渗析是使废水通过由阴离子、阳离子交换膜交替排列组成的通道，在直流电场的作用下，离子有选择性地透过不同的膜，某些通道中污染物被浓缩，另一些通道中的废水则得到净化。反渗透法是在废水表面施加压力，使水分子透过半透膜，而污染物不能透过，从而分离或浓缩污染物。

（3）磁过滤法

依靠磁场的作用，用高梯度磁过滤器截留磁性的污染物，或投加磁种，使非磁性的污染物吸附于磁种上，然后再分离。

（4）离子交换法

使废水与固体离子交换剂接触，离子态污染物与离子交换剂上的同号离子互相交换，从而分离出废水中的有害离子。

以上介绍的是废水处理的常用方法，随着技术的进步，仍有一些新的方法出现。另外，以上分类也是相对的，有些方法在不同的条件下可以用在不同的处理级别中。

废水处理中通常把用物理方法为主去除污染物的方法称为单元操作（Unit Operations），以化学或生物反应来去除污染物的处理方法称为单元过程（Unit Proceses）。在实际应用中，多数情况下单独用一个单元操作或单元过程很难达到处理目的，需要把不同的单元操作和单元过程按一定的顺序组合起来，构成一个处理工艺才能达到处理的目的。

二、水污染处理的基本工艺流程

城市污水处理的典型流程见图 1-24。[①]

对于城市废水，因为其性质变化相对较小，所以不同城市所产生废水的主要处理单元相对固定，但各处理单元所用的具体方

---

① 胡亨魁. 水污染治理技术 . 2 版. 武汉:武汉理工大学出版社,2011:18—19

法不同。

工业废水的性质非常复杂,不同废水所采用的处理方法变化较大,需要根据具体废水的情况确定。

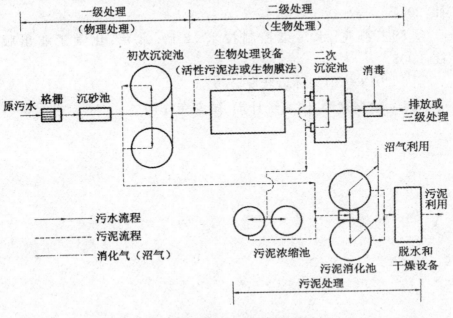

图 1-24 城市污水处理的典型流程

参考文献

[1]黄维菊.水污染治理与工业安全概论.北京:中国石化出版社,2012.

[2]胡亨魁.水污染治理技术.2版.武汉:武汉理工大学出版社,2011.

[3]任南琪,赵庆良.水污染控制原理与技术.北京:清华大学出版社,2007.

[4]孙体昌,娄金生.水污染控制工程.北京:机械工业出版社,2009.

[5]郭茂新,孙培德,楼菊青.水污染控制工程学.北京:中国

环境科学出版社,2005.

    [6]成官文.水污染控制工程.北京:化学工业出版社,2009.

    [7]李宏罡.水污染控制技术.2版.上海:华东理工大学出版社,2011.

    [8]王燕飞.水污染控制技术.2版.北京:化学工业出版社,2008.

    [9]2013年中国环境状况公报.

    [10]数据来源:国家统计局、国家海洋局.

第二章　污水处理的基本方法

　　水污染治理的基本方法包括物理处理工艺、化学处理工艺、物理化学处理工艺和生物处理工艺。如图 2-1 所示,污水中污染物形态不同,需采用的净化处理方法不同。一般情况下,对悬浮态($>100\mu m$)污染物,可通过物理方法较快地去除;对于胶体态和超胶体态($0.08\sim100\mu m$)污染物,较容易用化学混凝、过滤等方法去除;而对于溶解态($<0.08\mu m$)污染物,生物降解处理方法比较快,用物理、化学等预处理方法则不太容易被去除。因此,根据不同的水污染形式可分别选用物理、化学、物理化学或生物处理不同的方法。

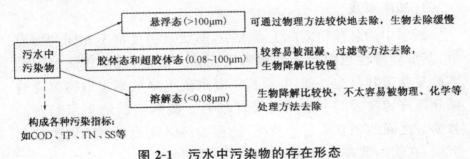

图 2-1　污水中污染物的存在形态

第一节　污水的物理处理工艺

　　污水的物理处理主要分为两大类:一类是污水受到一定的限制,悬浮固体在水中流动被去除,如重力沉淀、离心沉淀和气浮等;另一类是悬浮固体受到一定的限制,污水流动而将悬浮固体抛弃,如格栅、筛网和各类过滤过程。显然,前者能去除污染物的前提是悬浮固体与水之间存在密度差,后者则取决于阻挡悬浮固体的介质。

一、污水的沉淀处理工艺

污水中许多悬浮固体的密度比水大,在水中它们可以自然地下沉,利用重力原理进行的污水固液分离过程称为沉淀。沉淀法利用水中悬浮颗粒的可沉降性能,在重力作用下产生下沉作用,以达到固液分离。污水处理的沉淀装置一般分为两类:沉淀无机固体的沉砂池和沉淀有机固体的沉淀池。

(一)沉淀理论

根据水中悬浮颗粒的凝聚性能和浓度,沉淀通常可以分为自由沉淀、絮凝沉淀(悬浮颗粒浓度约为 50～500mg/L)、区域沉淀(悬浮颗粒浓度在 500mg/L 以上)和压缩沉淀。

1.沉降曲线

污水中的悬浮物实际上是大小、形状及密度都不相同的颗粒群,其沉淀特性也因污水性质不同而异。因此,通常要通过沉淀实验来判定其沉淀性能,并根据所要求的沉降效率来取得沉降时间和沉降速度这两个基本的设计参数。按照实验结果所绘制的各参数之间的相互关系的曲线,统称为沉降曲线。对不同类型的沉淀,它们的沉降曲线的绘制方法是不同的。

图 2-2 为自由沉淀型的沉降曲线。其中图 2-2(a)为沉降效率 E 与沉降时间 t 之间的关系曲线;图 2-2(b)为沉降效率 E 与沉降速度 u 之间的关系曲线。

若污水中悬浮物浓度为 c_0,经 t 时间沉降后,水样中残留浓度为 c,则沉降效率为:

$$E = \frac{c_0 - c}{c_0} \times 100\%$$

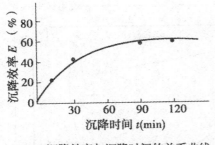

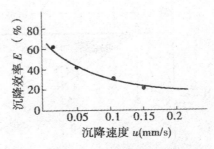

(a) 沉降效率与沉降时间的关系曲线 (b) 沉降效率与沉降速度的关系曲线

图 2-2 自由沉淀型的沉降曲线

2. 沉淀池的沉淀效果分析

为了分析沉淀的普遍规律及其分离效果,可先将现实抽象简化为一种理想沉淀池的模式,理想沉淀池由流入区、沉淀区、流出区和污泥区四部分组成(图 2-3)。对于理想沉淀池作如下假定:一是从入口到出口,池内污水按水平方向流动,颗粒水平分布均匀,水平流速为等速流动;二是悬浮颗粒沿整个水深均匀分布,处于自由沉淀状态,颗粒的水平分速等于水平流速,沉淀速度固定不变;三是颗粒沉到池底即认为被除去。

根据上述条件,悬浮颗粒在沉淀池内的运动轨迹是一系列倾斜的直线。

如图 2-3 所示,从沉淀池进水口水面上的点 A 进入的悬浮颗粒中,必存在着某一粒径的颗粒,其沉速为 u_0,在给定的沉降时间 t 内,正好能沉至池底,见图 2-3 中沉淀轨迹 III 代表的颗粒,该颗粒的沉降速度称为截留沉速 u_0。实际上,截留沉速 u_0 反映的是沉淀池可以全部去除的颗粒中,粒径最小的颗粒的沉速。

沉速 $u_t > u_0$ 的颗粒,在给定的沉降时间 t 内,都能够在 D 点前沉至池底,见图 2-3 中沉淀轨迹 I 代表的颗粒。

沉速 $u_t < u_0$ 的颗粒,视其在流入区所处的位置而定,若处在靠近水面处,则不能被去除,见图 2-3 中轨迹 II 实线所代表的颗粒;同样的颗粒,若处在靠近池底的位置(图 2-3 中水深 h 以下流入的颗粒),就能被去除,轨迹 II 虚线所代表的就是这些颗粒。

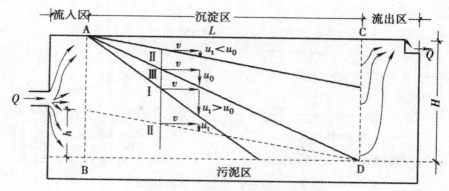

图 2-3　理想沉淀池示意

设污水处理水量为 $Q(\mathrm{m^3/h})$，沉淀池的宽度为 B，沉淀区长度为 L，沉淀池面积 $A=BL(\mathrm{m^2})$，则颗粒在池内的沉淀时间为：

$$t=\frac{L}{v}=\frac{H}{u_0}$$

沉淀池的容积 $V=Qt=HBL$，因此 $Q=\dfrac{V}{t}=\dfrac{HBL}{t}=Au_0$，

所以，

$$\frac{Q}{A}=u_0=q$$

$\dfrac{Q}{A}$ 的物理意义是：在单位时间内通过沉淀池单位面积的流量，称为表面负荷或溢流率，用符号 q 表示，单位为 $\mathrm{m^3/(m^2 \cdot h)}$ 或 $\mathrm{m^3/(m^2 \cdot s)}$，也可简化为 $\mathrm{m/h}$ 或 $\mathrm{m/s}$。表面负荷的数值等于颗粒沉速 u_0，若需要去除的颗粒沉速 u_0 确定后，则沉淀池的表面负荷 q 值同时被确定。

沉淀池的沉淀效率仅与颗粒截留沉速或表面负荷有关，而与沉淀时间无关。设定的截留沉速越小、悬浮颗粒的粒径越大，则沉淀效率越高；当沉淀池容积一定时，降低池深，可增大沉淀面积，进而降低表面负荷，提高沉淀效率，这就是颗粒沉淀的浅层理论。

3.沉速公式

污水中的悬浮物在重力作用下与水分离，实质是悬浮物的密

度大于污水的密度时沉降,小于时上浮。污水中悬浮物沉降和上浮的速度,是污水处理设计中对沉降分离设备(如沉淀池)、上浮分离设备(如上浮池、隔油池)要求的主要依据,是有决定性作用的参数,其值可定性地用斯托克斯公式表示:

$$u = \frac{g}{18\mu}(\rho_g - \rho_y)d^2 \qquad (2\text{-}1)$$

式中,u 为颗粒的沉浮速度,cm/s;g 为重力加速度,cm/s^2;ρ_g 为颗粒密度,g/cm^3;ρ_y 为液体密度,g/cm^3;d 为颗粒直径,cm;μ 为污水的动力黏滞系数,g/(cm·s)。

从式(2-1)看出,影响颗粒分离的首要因素是颗粒与污水的密度差($\rho_g - \rho_y$)。

当 $\rho_g > \rho_y$ 时,u 为正值,表示颗粒下沉粒下沉,u 值表示沉淀速度。

当 $\rho_g < \rho_y$ 时,u 为负值,表示颗粒上浮,粒上浮,u 值的绝对值表示上浮速度。

当 $\rho_g = \rho_y$ 时,$u = 0$,表示颗粒不下沉,也不上浮。说明这种颗粒不能用重力分离的方法去除。

其次,从式(2-1)可见,沉速 u 与颗粒直径 d 的平方成正比,因此,加大颗粒的粒径有助于提高沉淀效率。

污水的动力黏滞系数 μ 与颗粒的沉速成反比关系,而 μ 值与污水本身的性质有关,水温是其主要决定因素之一,一般说来,水温上升,μ 值下降,因此,提高水温有助于提高颗粒的沉淀效率。

(二)沉砂池

1. 沉砂池的作用、位置

沉砂池的作用是去除污水中密度较大的无机颗粒,一般设在污水处理厂的前端,以减轻无机颗粒对水泵和管道的磨损;也可设在初次沉淀池之前,减轻沉淀池的负荷,改善污泥处理构筑物的处理条件。

2. 沉砂池工程设计原则与主要参数

在工程设计中,沉砂池的主要参数及应遵循的设计原则如下。

①城市污水厂一般均设置沉砂池,沉砂池的座数或分格数应不小于2,并且按并联运行设计。当污水量较小时,可考虑一格工作,一格备用。

②沉砂池设计参数按去除相对密度为 2.65、粒径大于0.2mm 的砂粒确定。

③贮砂斗的容积按 2d 沉砂量计算,贮砂斗壁的倾角不应小于55°。排砂管直径不应小于200mm。

④沉砂池的超高不宜小于0.3m。

3.平流式沉砂池

平流式沉砂池由入流渠、出流渠、闸板水流部分及沉砂斗组成,水流部分实际上是一个加深加宽的明渠,闸板设在两端,以控制水流,池底设 1～2 个沉沙斗,利用重力排沙,也可用射流泵或螺旋泵排沙,如图 2-4 所示。污水在池内沿水平方向流动,具有截留无机颗粒效果好、工作稳定、构造简单和排砂方便等优点。

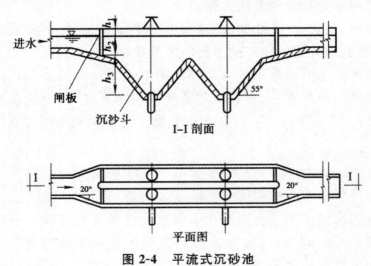

图 2-4 平流式沉砂池

(1)设计参数

①最大流速为 0.3m/s,最小流速为 0.15m/s。

②最大设计流量时,污水在池内的停留时间不少于30s,一般

为 30～60s。

③设计有效水深应不大于 1.2m,一般为 0.25～1.0m,每格池宽不宜小于 0.6m。

④池底坡度一般为 0.01～0.02,当设置除砂设备时,可根据设备要求考虑池底形状。

(2)设计计算

①沉砂池水流部分的长度。沉砂池两闸板之间的长度为水流部分的长度。

$$L=vt$$

式中,L 为水流部分长度,m;v 为最大流速,m/s;t 为最大设计流量时的停留时间,s。

②水流断面积。

$$A=\frac{Q_{max}}{v}$$

式中,A 为水流断面积,m;Q_{max} 为最大设计流量,m^3/s;v 为最大流速,m/s。

③池总宽度。

$$B=\frac{A}{h_2}$$

式中,B 为池总宽度,m;h_2 为设计有效水深,m。

④沉砂斗容积。

$$V=\frac{86400Q_{max}tx_1}{10^5 K_{总}} \text{ 或 } V=Nx_2t'$$

式中,V 为沉砂斗容积,m^3;x_1 为城市污水沉砂量,$3m^3/10^5m^3$;x_2 为生活污水沉砂量,$0.01～0.02L/(p \cdot d)$;t' 为清除沉砂的时间间隔,d;$K_{总}$ 为流量总变化系数;N 为沉砂池服务人口数。

⑤沉砂池总高度。

$$H=h_1+h_2+h_3$$

式中,H 为沉砂池总高度,m;h_1 为超高 h_3 为贮砂斗高度,m。

⑥验算。

按最小流量时,池内最小流速 v_{min} 大于或等于 0.15m/s 进行验算。

$$v_{\min} = \frac{Q_{\min}}{n\omega}$$

式中，$v_{\min}$ 为最小流速，m/s；$Q_{\min}$ 为最小流量，m^3/s；n 为最小流量时，工作的沉砂池个数；ω 为工作沉砂池的水流断面面积，m^2。

4. 曝气沉砂池

平流沉砂池的主要缺点是沉砂中约夹杂着 15% 的有机物，使沉砂的后续处理难度增加。曝气沉砂池可以克服这一缺点。

曝气沉砂池呈矩形，池底一侧设有集砂槽。曝气装置设在集砂槽一侧，使池内水流产生与主流垂直的横向旋流运动，无机颗粒之间的互相碰撞与摩擦机会增加，磨去表面附着的有机物。集砂槽中的砂可采用机械刮砂、空气提升器或泵吸式排砂机排除。曝气沉砂池断面如图 2-5 所示。

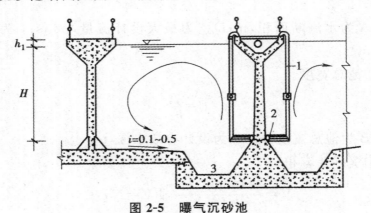

图 2-5 曝气沉砂池

1—压缩空气管；2—空气扩散板；3—集砂槽

（1）设计参数

①旋流速度应控制在 $0.25\sim0.30$ m/s。

②最大流量时的停留时间为 $1\sim3$ min，水平流速为 0.1 m/s。

③有效水深为 $2\sim3$ m，宽深比为 $1.0\sim1.5$ m，长宽比可达 5。

④每 m^3 污水的曝气量为 $0.1\sim0.2m^3$ 空气。

⑤空气扩散装置距池底约 $0.6\sim0.9$ m，输气管应设置调节气量的阀门。

（2）设计计算

①总有效容积。

$$V = 60Q_{max}t$$

式中，V 为总有效容积，m^3；Q_{max} 为最大设计流量，m^3/s；t 为最大设计流量时的停留时间，s。

②池断面面积。

$$A = \frac{Q_{max}}{v}V60t$$

式中，A 为池断面积，m；v 为最大设计流量时的水平前进流速，m/s。

③池总宽度。

$$B = \frac{A}{H}$$

式中，B 为池总宽度，m；H 为有效水深，m。

④池长。

$$L = \frac{V}{A}$$

式中，L 为池长，m。

⑤所需曝气量。

$$q = 3600DQ_{max}$$

式中，q 为所需曝气量，m^3/h；D 为每 m^3 污水所需曝气量，m^3/m^3。

5.钟式沉砂池

钟式沉砂池是利用机械力控制水流流态，加速砂粒的沉淀并使有机物随水流带走的沉砂装置。沉砂池由流入口、流出口、沉砂区、砂斗、砂提升管、排砂管、压缩空气输送管、电动机及变速箱组成。污水由流入口切线方向流入沉砂区，利用电动机及传动装置带动转盘和斜坡式叶片，在离心力的作用下，污水中密度较大的砂粒被甩向池壁，掉入砂斗，有机物则留在污水中。调整转速，可获最佳沉砂效果。沉砂用压缩空气经砂提升管、排砂管清洗后排出，清洗水回流至沉砂池，如图 2-6 所示。根据设计污水量的大小，钟式沉砂池可分为不同型号。[①]

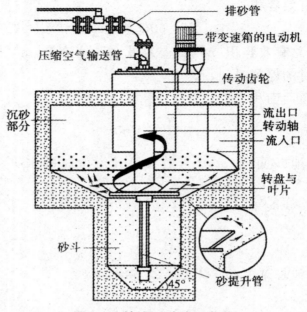

图 2-6　钟式沉砂池工艺图

（三）沉淀池

1.沉淀池种类与作用

根据在水污染治理系统中所处的位置、使用功能及分离对象的不同，沉淀池可分为初次沉淀池和二次沉淀池。初次沉淀池设置在沉砂池之后，某些生物处理构筑物之前，其主要是用作生物处理法中的预处理，去除有机固体颗粒，一般可去除污水中 $40\% \sim 55\%$ 的悬浮固体，同时去除悬浮性 BOD_5（约去除 20%），可以改善生物处理的运行条件并降低 BOD_5 负荷。二次沉淀池设置在生物处理构筑物之后，用于沉淀去除活性污泥或腐殖污泥，与生物处理构筑物共同构成净化处理系统。

---

① 王有志.水污染控制技术.北京：中国劳动社会保障出版社，2010：42－46

沉淀池按构筑形式形成的水流方向可分为平流式、竖流式和辐流式三种,如图 2-7 所示,通常辐流式适合于大规模,竖流式适合于小规模,而平流式则无限制。

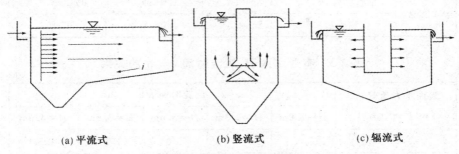

(a) 平流式   (b) 竖流式   (c) 辐流式

图 2-7 沉淀池三种流态

2.设计原则及参数

(1)设计流量

沉淀池的设计流量和沉砂池的设计流量相同。当污水是自流进入沉淀池时,应按最大流量作为设计流量;当厂内设置提升泵房用水泵提升时,应按工作水泵的最大组合流量作为设计流量。在合流制的水污染治理系统中应按降雨时的设计流量校核,沉淀时间不应小于 30min。

(2)沉淀池的座数

沉淀池的座数或分格数不小于两个,多于两座时宜按并联系列设计。

(3)沉淀池的经验设计参数

沉淀池可参照经验参数设计,沉淀池负荷(或停留时间)的选择如表 2-2 所示。沉淀池的有效水深、沉淀时间与表面水力负荷的相互关系如表 2-3 所示。

表 2-2 沉淀池的功能与负荷(或停留时间)的关系

类别	沉淀池位置	沉淀时间/h	表面负荷/ $[m^3/(m^2 \cdot h)]$	污泥含水率/%
初沉池	仅一级处理	1.5～2.0	1.5～2.5	96～97
	二级处理	1.0～2.0	1.5～3.0	95～97

续表

类别	沉淀池位置	沉淀时间/h	表面负荷/ [m³/(m²·h)]	污泥含水率/%
二沉池	活性污泥法	1.5～2.5	1.0～1.5	99.2～99.5
	生物膜法	1.5～2.5	1.0～2.0	96～98

表 2-3　有效水深 H、沉淀时间 t 与 q 的关系

表面水力负荷 q/ [m³/(m²·h)]	沉淀时间 t/h				
	$H=2.0m$	$H=2.5m$	$H=3.0m$	$H=3.5m$	$H=4.0m$
3.0			1.0	1.17	1.33
2.5		1.0	1.2	1.4	1.6
2.0	1.0	1.25	1.5	1.75	2.0
1.5	1.33	1.67	2.0	2.33	2.67
1.0	2.0	2.5	3.0	3.5	4.0

（4）沉淀池的几何尺寸

沉淀池的超高不应少于 0.3m，缓冲层高采用 0.3～0.5m；贮泥斗壁的倾角，方斗不宜小于 60°，圆斗不宜小于 55°。

（5）沉淀池出水部分

沉淀池出水一般采用堰流，在堰口保持水平。

（6）贮泥斗的容积

对初次沉淀池贮泥时间一般按不大于 2d 计算；对二次沉淀池，贮泥时间按不超过 2h 计算。

（7）排泥部分

沉淀池一般采用静水压力排泥，排泥管直径应不小于 200mm。

3.平流式沉淀池

（1）平流式沉淀池基本构造

平流式沉淀池由流入装置、流出装置、沉淀区、缓冲层、污泥区和排泥装置等组成，如图 2-8 所示。流入装置由设有侧向或槽底潜孔的配水槽、挡流板组成，起均匀布水和消能作用。流出装

置由流出槽和挡板组成。流出槽设自由溢流堰,溢流堰严格水平,即可保证水流均匀,又可控制沉淀池水位。因此,溢流堰常采用锯齿堰,如图 2-9(a)所示。为了减少溢流堰负荷,改善出水水质,可采用多槽沿程布置,如需阻挡浮渣随水流走,流出堰可用潜孔出流。锯齿堰及沿程布置出流槽如图 2-9(b)所示。

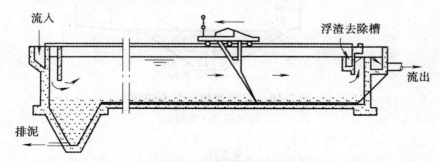

图 2-8　设有行车式刮泥机的平流式沉淀池

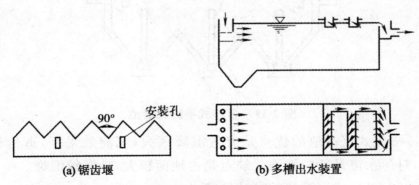

(a) 锯齿堰　　　　　**(b) 多槽出水装置**

图 2-9　溢流堰及多槽出水装置

缓冲层的作用是避免已沉污泥被水流搅起和缓解冲击负荷。污泥区起贮存、浓缩和排泥作用。

排泥装置与方法一般有以下两种。

①静水压力法。利用池内的静水压力,将泥排出池外,如图 2-10 所示。排泥管插入泥斗,上端伸出水面,以便清通。为了使池底污泥能滑入泥斗,池底应有一定的坡度。为了减小池深,也可采用多斗式平流沉淀池,如图 2-11 所示。

②机械排泥法。机械排泥常采用的刮泥设备除桥式行车刮泥机(图 2-8)外,还有链带式刮泥机。被刮入污泥斗的污泥,可采

用静水压力法或螺旋泵排出池外。采用机械排泥法时,平流式沉淀池可采用平底,池深也可大大减小。

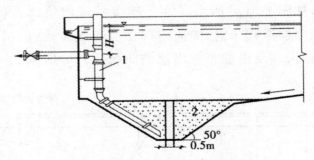

图 2-10 沉淀池静水压力排泥

1—排泥管;2—集泥斗

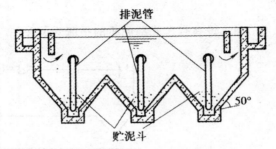

图 2-11 多斗式平流沉淀池

平流式沉淀池的优点是有效沉降区大,沉淀效果好,造价较低,对污水流量适应性强。缺点是占地面积大,排泥较困难。

(2)平流式沉淀池的设计计算

①设计参数。沉淀池进出水口处设置的挡流板,高出池内水面 0.1~0.15m,淹没深度不小于深度不小于 0.25m,距流入槽 0.5m,距溢流堰 0.25~0.5m;溢流堰最大负荷不宜大于 2.9L/(m·s)(初次沉淀池),1.7L/(m·s)(二次沉淀池);池底纵坡坡度,一般采用 0.01~0.02;刮泥机的行进速度不大于 1.2m/min,一般采用 0.6~0.9m/min。

②设计计算。沉淀池的设计内容包括沉淀区,污泥区,排泥和排浮渣设备选择等。

沉淀区尺寸计算的方法有两种。

第一种方法——按沉淀时间和水平流速或表面负荷计算法。当无污水悬浮物试验资料时,可用本法计算。

沉淀区有效水深为

$$h_2 = qt$$

式中,h_2 为有效水深,m;q 为表面水力负荷,参考表 2-3 选用;t 为污水沉淀时间,参见表 2-3。

沉淀池有效水深,一般为 $2\sim3$m。

沉淀池有效容积为

$$V_1 = Ah_2 \text{ 或 } V_2 = Q_{\max}t$$

式中,V_1 为有效容积,m³;A 为沉淀区水面积,m²,$A = Q_{\max}/q$;$Q_{\max}$ 为最大设计流量,m³/h。

沉淀区长度为

$$L = 3.6vt$$

式中,L 为沉淀区长度,m;v 为最大设计流量时的水平流速,mm/s,一般不大于 5mm/s。

沉淀区总宽度为

$$B = \frac{A}{L}$$

式中,B 为沉淀区总宽度,m。

沉淀池座数或分格数为

$$n = \frac{B}{b}$$

式中,n 为沉淀池座数或分格数;b 为每座或每格宽度,与刮泥机有关,一般采用 $5\sim10$m。

为了使水流均匀分布,沉淀区长度一般采用 $30\sim50$m,长宽比不小于 $4:1$,长深比不小于 8,沉淀池的总长度等于沉淀区长度加前后挡板至池壁的距离。

第二种方法——按表面水力负荷计算法,当已做过沉淀实验,取得了与污水处理效率相对应的截留沉速 u_0 值时采用。

沉淀区水面积为

$$A = \frac{Q_{max}}{q}$$

式中，q 为表面水力负荷，过试验取得，$q = u_0$；u_0 为要求去除颗粒的最小沉速，m/h 或 m/s。

沉淀池有效水深为

$$h_2 = \frac{Q_{max} t}{A} = u_0 t$$

式中，h_2 为有效水深，m。

污泥区计算。每日产生的污泥量计算公式如下：

$$W = \frac{SNt}{1000}$$

式中，W 为每日污泥量，m^3/d；S 为每日每人产生的污泥量，L/(p·d)；N 为设计人口数；t 为两次排泥的时间间隔，d。

如已知污水悬浮物浓度与去除率，污泥量可按下式计算：

$$W = \frac{24Q_{max}(c_0 - c_1) \times 100t}{\gamma(100 - \rho_0)}$$

式中，c_0，c_1 分别是沉淀池进水与出水的悬浮物浓度，kg/m^3；如有浓缩池、消化池和污泥脱水机的上清液回流至初次沉淀池，则式中 c_0 应取 $1.3c_0$，c_1 应取 $1.3c_1$ 的 50%～60%；ρ_0 为污泥含水率，%，一般为 95%～97%；γ 为污泥容重，kg/m^3，因污泥的主要成分是有机物，含水率在 95% 以上，故 γ 可取为 $1000kg/m^3$；tw 为两次排泥时间间隔，d。

沉淀池的总高度为

$$H = h_1 + h_2 + h_3 + h_4$$

式中，H 为总高度，m；h_1 为超高，m，一般采用 0.3m；h_2 为沉淀区高度，m；h_3 为缓冲区高度，当无刮泥机时，取 0.5m；有刮泥机时，缓冲层的上缘应高出刮板 0.3m；h_4 为污泥区高度，m；根据污泥量、池底坡度、污泥斗几何高度及是否采用刮泥机确定。

污泥斗容积可采用锥体体积公式计算：

$$V_2 = \frac{1}{3}h_4(f_1 + f_2 + \sqrt{f_1 f_2})$$

式中，V_2 为污泥斗容积，m^3；f_1 为污泥斗上口面积，m^2；f_2 为污泥斗下口面积，m^2。

4. 竖流式沉淀池

（1）竖流式沉淀池的构造

竖流式沉淀池可用圆形或正方形。为了池内水流分布均匀，池径不大于 10m，一般采用 4～7m。沉淀区呈柱形，污泥斗为截头倒锥体，如图 2-12 所示。

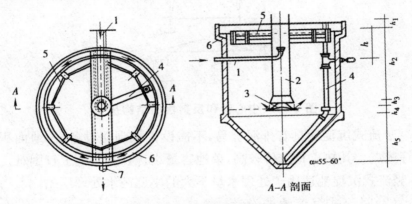

图 2-12　圆形竖流式沉淀池

1—进水管；2—中心管；3—反射板；4—排泥管；5—挡渣板；6—流出槽；7—出水管

污水从中心管自上而下，通过反射板折向上流，沉淀后的出水由设于池周的锯齿溢流堰溢入出水槽。如果池径大于大于 7m，一般可增设辐射方向的流出槽。流出槽前设挡渣板，隔除浮渣。污泥依靠静水压力从排泥管排出池外。

竖流式沉淀池的水流流速 v 是向上的，而颗粒的沉速 u 则是向下的，颗粒的实际沉速是沉速是 v 与 u 的矢量和，只有 u 大于或等于 v 的颗粒才能被沉淀去除。如果颗粒具有絮凝性，则由于水流向上，带着微颗粒在上升的过程中，互相碰撞、接触，促进絮凝，颗粒变大，u 值也随之增大，去除的可能增加。因此，竖流式沉淀池作为二次沉淀池是可行的。

竖流式沉淀池的中心管内的流速不宜大于 30mm/s，而当设置反射板时，可不大于 100mm/s。污水从喇叭口与反射板之间的间隙流出的流速不宜大于 40mm/s。具体尺寸关系如图 2-13 所示。

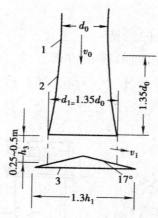

图 2-13 中心管和反射板的结构尺寸

　　竖流式沉淀池具有排泥容易,不需设机械刮泥设备,占地面积较小等优点。其缺点是造价较高,单池容量小,池深大,施工较困难。因此,竖流式沉淀池适用于处理水量不大的小型污水处理厂站。

　　(2)竖流式沉淀池的设计

　　①中心管面积与直径。

$$f_1 = \frac{q_{max}}{v_0}$$

$$d_0 = \sqrt{\frac{4 f_1}{\pi}}$$

式中,f_1 为中心管截面积,m^2;d_0 为中心管直径,m;q_{max} 为每个池的最大设计流量,m^3/s;v_0 为中心管流速,m/s。

　　②沉淀池的有效沉淀高度,即中心管高度。

$$h_2 = 3600 vt$$

式中,h_2 为有效沉淀高度,m;v 为污水在沉淀区的上升流速,mm/s,如有沉淀试验资料,v 等于拟去除的最小颗粒沉速 u_0,如无则 v 采用 $0.5 \sim 1.0$mm/s,即 $0.0005 \sim 0.001$m/s;t 为沉淀时间,h。

　　③中心管喇叭口距反射板之间的间隙高度。

$$h_3 = \frac{q_{max}}{v_1 \pi d_1}$$

式中，h_3 为间隙高度，m；v_1 为间隙流出速度，mm/s；d_1 为喇叭口直径，m。

④沉淀池总面积和池径。

$$f_2 = \frac{q_{max}}{v}$$

$$A = f_1 + f_2$$

$$D = \sqrt{\frac{4A_1}{\pi}}$$

式中，f_2 为沉淀区面积，m^2；A 为沉淀池面积（包括中心管面积），m^2；D 为沉淀池直径，m。

⑤沉淀池总高度。

$$H = h_1 + h_2 + h_3 + h_4 + h_5$$

式中，H 为总高度，m；h_1 为超高，m；h_2、h_3、h_4、h_5 的含义和计算参见图 2-12。

5. 辐流式沉淀池

(1)辐流式沉淀池的构造

普通辐流式沉淀池是一种圆形的、直径较大而有效水深相对较小的池子，直径一般在 20～30m 以上，池周水深 1.5～3.0m，池中心处为 2.5～5.0m，采用机械排泥，池底坡度不小于 0.05，如图 2-14 所示。

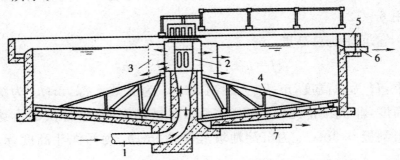

图 2-14 普通辐流式沉淀池

1—进水管；2—中心管；3—穿孔挡板；4—刮泥机；5—出水槽；6—出水管；7—排泥管

污水从池中心处流入，沿半径的方向向池周流出。在池中心处设中心管,污水从池底的进水管进入中心管,在中心管周围设穿孔挡板,使污水在沉淀池内得以均匀流动。出水堰亦采用锯齿堰,堰前设挡板,拦截浮渣。

刮泥机由桁架和转动装置组成,当池径小于 20m 时,用中心转动;当池径大于 20m 时,用周边转动,将沉淀的污泥推入池中心的污泥斗中,然后借助静水压力或污泥泵排出池外。

辐流式沉淀池的优点是建筑容量大,采用机械排泥,运行较好,管理较简单。其缺点是池中水流速度不稳定,机械排泥设备复杂,造价高。辐流式沉淀池适用于处理水量大的场合。

(2)辐流式沉淀池的设计

①每座沉淀池的表面积和池径。

$$A_1 = \frac{Q_{max}}{nq_0}$$

$$D = \sqrt{\frac{4A_1}{\pi}}$$

式中,A_1 为每池表面积,m^3;D 为每池直径,m;n 为池数,个;q_0 为表面水力负荷,$m^3/(m^2 \cdot h)$,可参考表 2-3 选用。

②沉淀池有效水深。

$$h_2 = q_0 t$$

式中,h_2 为有效水深,m;t 为沉淀时间,参见表 2-3;池径与水深比宜用 6~12。

③沉淀池总高度。

$$H = h_1 + h_2 + h_3 + h_4 + h_5$$

式中,H 为总高度,m;h_1 为超高,m;h_2 为有效水深,m;h_3 为缓冲区高度,非机械排泥时,宜取 0.5m;机械排泥时,缓冲层的上缘宜高出刮板 0.3m;h_4 为沉淀池坡底落差,m;h_5 为污泥斗高度,m。

6.斜板(管)式沉淀池

(1)斜板(管)沉淀池的理论基础

在池长为 L,池深为 H,池中水平流速为 u_0 的沉淀池中,当水在池中的流动处于理想状态时,则 $L/H = v/u_0$。

可见,在 L 与 v 值不变时,池深 H 越浅,可被沉淀去除的颗粒的沉速 u_0 也越小。如在池中增设水平隔板,将原来的 H 分为多层,例如分为 3 层,则每层深度为 $\frac{H}{3}$,如图 2-15(a)所示,在 v 与 u_0 不变的条件下,则只需 $\frac{L}{3}$,就可将沉速为 u_0 的颗粒去除,即池的总容积可减少到 $\frac{1}{3}$。如果池的长度不变,如图 2-15(b)所示,由于池深为 $\frac{H}{3}$,则水平流速聊增大 $3v$,仍可将沉速为 u_0 的颗粒沉淀到池底,即处理能力可提高 3 倍。在理想条件下,将沉淀池分成 n 层,就可将处理能力提高 n 倍,这就是"浅池沉淀"理论。

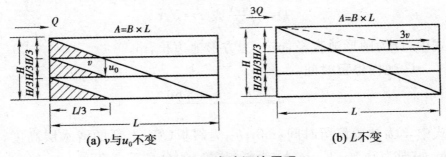

(a) v 与 u_0 不变　　　　　　　(b) L 不变

图 2-15　浅池沉淀原理

(2)斜板(管)沉淀池的构造

斜板(管)沉淀池是根据"浅池沉淀"理论,在沉淀池内加设斜板或蜂窝斜管,以提高沉淀效率的一种沉淀池。按水流与污泥的相对方向,斜板沉淀池可分为异向流、同向流和侧向流三种形式,在城市污水处理中主要采用升流式异向流斜板(管)沉淀池,如图 2-16 所示。

(3)斜板(管)沉淀池的设计计算

①沉淀池水表面积。

$$A = \frac{Q_{max}}{0.91 n q_0}$$

式中,A 为水表面积为池数,个;q_0 为表面负荷,数据的一倍,但如用于二次沉淀池,还应以固体负荷核算;Q_{max} 为最大设计流量为斜板(管)面积利用系数。

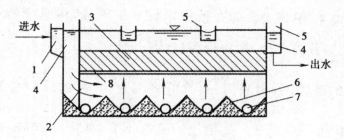

图 2-16 斜板(管)沉淀池

1—配水槽;2—穿孔墙;3—斜板或斜管;4—淹没孔口;
5—集水槽;6—集泥斗;7—排泥管;8—阻流板

②沉淀池平面尺寸。

$$D=\sqrt{\frac{4A}{\pi}} \text{ 或 } a=\sqrt{A}$$

式中,D 为圆形池直径,m;a 为方形池边长,m。

③池内停留时间。

$$t=\frac{(h_2+h_3)\times 60}{q_0}$$

式中,t 为池内停留时间,min;h_2 为斜板(管)上部的清水层高度,m,一般为 $0.7\sim1.0$m;h_3 为斜板(管)的自身垂直高度,m,一般为 $0.866\sim1.0$m。

④沉淀池的总高度。

$$H=h_1+h_2+h_3+h_4+h_5$$

式中,H 为总高度,m;h_1 为超高,m;h_4 为斜板(管)下缓冲层高度,一般采用 1.0m;h_5 为污泥斗高度,m。[①]

二、污水的过滤分离处理工艺

污水的过滤分离是利用污水中的悬浮固体受到一定的限制,

---

① 王有志.水污染控制技术.北京:中国劳动社会保障出版社,2010:34—46

污水流动而将悬浮固体抛弃,其分离效果取决于限制固体的过滤介质。根据过滤介质的不同,污水的过滤分离分为粗滤、微滤、膜滤和粒状材料过滤等四种类型。粗滤(格栅、筛网等)截留污水中较粗的悬浮(漂浮)固体;微滤截留污水中 $0.1\sim100\mu m$ 的悬浮固体;膜滤是采用各类人工膜作为过滤介质,其推动力主要有压力差和电位差等。其中,利用压力差作为推动力的膜滤法有超滤、反渗透、纳滤等,以电位差为推动力的有电渗析等,它们甚至可以去除污水中呈溶解态的污染物质(膜分离技术将在第五章中讨论)。粒状材料过滤是水处理中最常用的分离方法,采用的过滤材料一般称滤料,它们可以去除几十微米到胶体级的污染颗粒。粗滤和微滤等过滤因污染物都被截留在过滤介质表面,所以又称表面过滤;而粒状材料过滤时,污染物可以深入到过滤介质的内部,所以又称深层过滤或滤层过滤。

(一)格栅与筛网

1.格栅

(1)格栅的构造

格栅一般由一组(或多组)互相平行的金属栅条、框架和清渣耙三部分组成,倾斜安装在进水的渠道,或进水泵站集水井的进口处,以拦截污水中粗大的悬浮物及杂质。图 2-17 为平面格栅示意图。A 型栅条布置在框架的外侧,适用于机械清渣或人工清渣;B 型栅条布置在框架的内侧,在格栅的顶部设有起吊架,可将格栅吊起,进行人工清渣。平面格栅的基本参数与尺寸包括宽度 B、长度 L、间隙净空隙 e 和栅条至外边框的距离 d。可根据污水渠道、泵房集水井进口管大小选用不同数值。

格栅的作用:去除可能堵塞水泵机组及管道阀门的较粗大悬浮物,并保证后续净化处理设施能正常运行。图 2-18～图 2-21 为几组在用的格栅实物图。

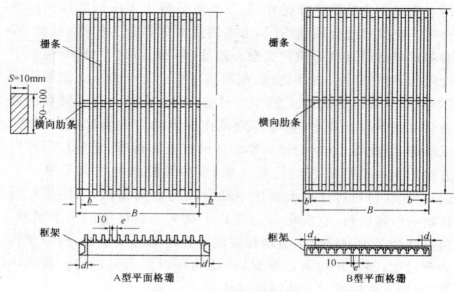

图 2-17　平面格栅示意图

图 2-18　某水质净化厂用粗格栅

图 2-19　GL 型格栅除污机

图 2-20　某污水处理厂用细格栅

图 2-21　某水质净化厂曝气沉砂池前细格栅

（2）格栅的分类

格栅按不同的方法可分为各种不同的类型,如表 2-4 所示。格栅栅条断面形状与尺寸如表 2-5 所示,分为圆形、矩形和方形。目前多采用断面形式为矩形的栅条。格栅所截留的污染物数量与地区的情况、污水沟道系统的类型、污水流量以及栅条的间距等因素有关。选用栅条间距的原则:不堵塞水泵和水污染治理工程的净化处理设备。

表 2-4　格栅的分类

格栅分类特征	格栅名称	说　明
按格栅间距分	粗格栅	栅条间隙＞40mm
	细格	栅条间隙 10～30mm
	密格栅	栅条间隙＜10mm
按清渣方式分	人工清渣格栅	粗格栅
	机械清渣格栅	机械清渣

表 2-5　格栅栅条断面形状与尺寸

栅条断面形状	一般采用尺寸/mm
正方形	
圆形	
锐边矩形 迎水面为半圆的矩形	
迎水面背水面均为半圆形的矩形	

（3）格栅的设计计算

①设计规范要求。污水泵站一般采用固定式清污机,单台工

作宽度不宜超过 3m,否则应使用多台,以保证运行效果;污水泵站主要使用中格栅一道;在污水处理厂的进水泵房中,泵前设一道中格栅,泵后再设一道细格栅,以利于污水的后续处理;格栅间隙大小应考虑:a.根据水泵叶轮间隙允许通过的污物能力决定,即格栅间隙应小于水泵叶轮的间隙。b.根据泵站收水范围的地区特点、栅渣的性质决定。一般采用 20～25mm;机械清渣一般 60°～75°。回转式一般 60°～90°,特殊时为 90°。

②设计计算。格栅的设计内容包括尺寸计算、水力计算、栅渣量计算以及清渣机械的选用等。图 2-22 为格栅计算图。

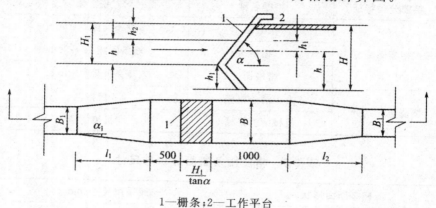

1—栅条;2—工作平台

图 2-22　格栅计算图

栅槽宽度:

$$B = S(n-1) + en \tag{2-2}$$

$$n = \frac{Q_{\max}\sqrt{\sin\alpha}}{ehv}$$

式中,S 为栅条宽度,m;e 为栅条净间隙,mm;n 为格栅间隙数;$Q_{\max}$ 为最大设计流量,m³/s;α 为格栅倾角;h 为栅前水深,m;v 为过栅流速流速,m/s,最大设计流量时为 0.8～1.0m/s,平均设计流量时为 0.3m/s;$\sqrt{\sin\alpha}$ 为经验系数。

过栅的水头损失:

$$h_1 = kh_0 \tag{2-3}$$

$$h_0 = \xi \frac{v^2}{2g}\sin\alpha$$

式中，h_0 为计算水头损失，m；g 为重力加速度，$9.81m/s^2$；k 为系数，格栅受污染堵塞后，水头损失增大的倍数，一般 k 取 3；ξ 为阻力系数，与栅条断面形状有关，$\xi=\beta\left(\dfrac{S}{e}\right)^{\frac{4}{3}}$，当为矩形断面时，$\beta=2.42$。为避免造成栅前壅水，故将栅后槽底下降 h_1 作为补偿。

栅槽总高度：

$$H=h+h_1+h_2$$

式中，h 为栅前水深，m；h_1 为过栅水头损失，m；h_2 为栅前渠道超高，m，一般用 0.3m。

栅槽总长度：

$$L=l_1+l_2+1.0+0.5+\frac{H_1}{\tan\alpha} \tag{2-4}$$

$$l_1=\frac{B-B_1}{2\tan\alpha}$$

$$l_2=\frac{l_1}{2}$$

$$H_1=h+h_2$$

式中，L 为栅槽总长度，m；H_1 为栅前槽高，m；l_1 为进水渠道渐宽部分长度，m；B_1 为进水渠道宽度，m；α_1 为进水渠展开角，一般用 $20°$；l_2 为栅槽与出水渠连接渠的渐缩长度，m。

每日栅渣量计算：

$$W_1=\frac{Q_{\max}W_1\times86400}{K_{总}\times1000} \tag{2-5}$$

式中，W 为每日栅渣量，m^3/d；W_1 为栅渣量（$m^3/10^3m^3$ 污水），取 $0.1\sim0.01$，粗格栅用小值，细格栅用大值，中格栅用中值；$K_{总}$ 为生活污水流量总变化系数，见表 2-6。

表 2-6　生活污水量总变化系数 $K_{总}$

平均日流量/ （L/s）	4	6	10	15	25	40	70	120	200	400	750	1600
$K_{总}$	2.3	2.2	2.1	2.0	1.89	1.80	1.69	1.59	1.51	1.40	1.30	1.20

例 2-1 已知某城市的最大设计污水量 $Q_{max}=0.2\text{m}^3/\text{s}$，$K_{总}=1.5$，计算格栅各部尺寸。

解：格栅计算草图见图 2-22。设栅前水深 $h=0.4\text{m}$，过栅流速取 $v=0.9\text{m/s}$，用中格栅，栅条间隙 $e=20\text{mm}$，格栅安装倾角 $\alpha=60°$。

栅条间隙数：

$$n=\frac{Q_{max}\sqrt{\sin\alpha}}{ehv}$$

$$=\frac{0.2\sqrt{\sin60°}}{0.02\times0.4\times0.9}$$

$$\approx26$$

栅槽宽度：

用式(2-2)，取栅条宽度度 $S=0.01\text{m}$，

$$B=S(n-1)+en$$

$$=0.01\times(26-1)+0.02\times26$$

$$=0.8\text{m}$$

进水渠道渐宽部分长度：

若进水渠宽 $B_1=0.65\text{m}$，渐宽部分展开角 $\alpha_1=20°$，此时进水渠道内的流速为 0.77m/s，

$$l_1=\frac{B-B_1}{2\tan\alpha}$$

$$=\frac{0.8-0.65}{2\tan20°}$$

$$\approx0.02\text{m}$$

栅槽与出水渠道连接处的渐窄部分长度：

$$l_2=\frac{l_1}{2}=\frac{0.22}{2}=0.11\text{m}$$

过栅水头损失：

因栅条为矩形截面，取 $k=3$，并将已知数据代入式(2-3)得：

$$h_1=2.42\times\left(\frac{0.01}{0.02}\right)^{\frac{4}{3}}\times\frac{0.9^2}{2\times9.81}\sin60°\times3$$

$$=0.097\text{m}$$

栅后槽总高度：

取栅前渠道超高 $h_2=0.3\text{m}$，栅前槽高 $H_1=h+h_2=0.7\text{m}$

$$H=h+h_1+h_2$$
$$=0.4+0.097+0.3$$
$$=0.8\text{m}$$

栅槽总长度：

$$L=l_1+l_2+1.0+0.5+\frac{H_1}{\tan\alpha}$$
$$=0.22+0.11+0.5+1.0+\frac{0.7}{\tan 60°}$$
$$=2.24\text{m}$$

每日栅渣量：

用式(2-5)，取 $W_1=0.07\text{m}^3/10^3\text{m}^3$，

$$W=\frac{Q_{\max}W_1\times 86400}{K_{总}\times 1000}$$
$$=\frac{0.2\times 0.07\times 86400}{1.5\times 1000}$$
$$=0.8\text{m}^3/\text{d}$$

采用机械清渣。[①]

2. 筛网

筛网一般由金属丝织物或穿孔板构成，孔眼直径为 0.5～1.0mm。筛网广泛用于纺织、造纸、化纤等类的工业废水处理。

筛网可按网眼尺寸分为粗筛网络(≥1mm)、中筛网(0.05～1mm)和微筛网(≤0.05mm)，城市污水处理中，常采用粗、中筛网。筛网的型式主要有振动筛网和水力筛网，如图 2-23 和图 2-24 所示。

采用筛网的主要优点有：可截留所有对后续净化处理构成困难的纤维状污染物，减少后续设备的维护工作量；可截留大颗粒

---

① 成官文.水污染控制工程.北京：化学工业出版社，2009：45－48

的有机污染物,减小初次沉淀池的污泥量,有时为有利于脱氮除磷,还可不设初次沉淀池,同时,还可使后续净化处理中的污泥更为均质,既利于污泥的农用,也利于污泥消化。

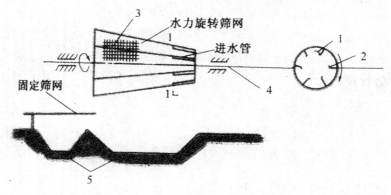

1—进水方向;2—导水叶片;3—筛网;4—转动轴;5—水沟

图 2-23 水力筛网构造示意图

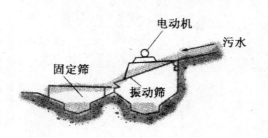

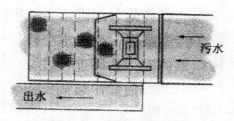

图 2-24 振动式筛网示意图

3.筛余物的处置

可将收集的筛余物运至处置区填埋或与城市垃圾一起处理;当有回收利用价值时,可送至粉碎机或破碎机磨碎后再用;对于大型系统，也可采用焚烧的方法彻底处理。

（二）过滤

过滤一般是指通过具有孔隙的颗粒状滤料层（如石英砂等）截留水中悬浮杂质，从而使水获得澄清的工艺过程。过滤的作用主要是去除水中的悬浮或胶体杂质，特别是能有效地去除沉淀技术不能去除的微小粒子和细菌等，而且对 BOD_5 和 COD 也有某种程度的去除效果。常用于污水的深度处理，用在混凝、沉淀或澄清等处理工艺之后，以进一步去除污水中细小的悬浮颗粒，降低浊度。此外，还常作为对水质浊度要求较高的处理工艺，如活性炭吸附、离子交换除盐、膜分离法等的预处理。

1. 过滤机理

（1）阻力截留

当污水自上而下流过颗粒滤料层时，粒径较大的悬浮颗粒首先被截留在表层滤料的空隙中，随着此层滤料间的空隙越来越小，截污能力也变得越来越大，逐渐形成一层主要由被截留的同体颗粒构成的滤膜，并由它起主要的过滤作用。这种作用属阻力截留或筛滤作用。悬浮物粒径越大，表层滤料和滤速越小，就越容易形成表层筛滤膜，滤膜的截污能力也越高。

（2）重力沉降

污水通过滤料层时，众多的滤料表面提供了巨大的沉降面积。重力沉降强度主要与滤料直径及过滤速度有关。滤料越小，沉降面积越大；滤速越小，则水流越平稳，这些都有利于悬浮物的沉降。

（3）接触絮凝

由于滤料具有巨大的比表面积，它与悬浮物之间有明显的物理吸附作用。此外，静电力等也会使滤料颗粒黏附水中的悬浮颗粒，就像在滤料层内部发生接触絮凝。

在实际过滤过程中，上述三种机理往往同时起作用，只是随条件不同而有主次之分，最终在各机理综合作用下，实现过滤。

对粒径较大的悬浮颗粒,以阻力截留为主,因这一过程主要发生在滤料表层,通常称为表面过滤。对于细微悬浮物,以发生在滤料深层的重力沉降和接触絮凝为主,称为深层过滤。

2.滤池的分类

滤池的类型很多。可按滤速大小、按水流过滤层的方向、按滤料种类、按滤料层数、按水流性质以及按进出水及反冲洗水的供给和排出方式等来进行分类。

①按滤速大小,可分为慢滤池(<4m/h)、快滤池(4~10m/h)和高速滤池(10~60m/h)。

②按水流过滤层的方向,可分为上向流、下向流、双向流、径向流等。

③按滤料种类,可分为砂滤池、煤滤池、煤-砂滤池等。

④按滤料层数,可分为单层滤池、双层滤池和多层滤池。

⑤按水流性质,可分为压力滤池(水头 15~25m)和重力滤池(水头为 4~5m)。

⑥按进出水及反冲洗水的供给和排出方式,可分为普通快滤池、虹吸滤池、无阀滤池等。

3.滤池的构造

滤池的种类很多,但其基本构造是相似的,各种滤池都是在普通快滤池的基础上加以改进而来的。普通快滤池的构造如图2-25所示。一般用钢筋混凝土建造,池内有入水槽(图中未画出)、滤料层、承托层和配水系统;池外有集中管系,配有进水管、出水管、冲洗水管、冲洗水排出管等管道及附件。过滤时,加入凝聚剂的污水自进水管经集水渠、入槽进入滤池,自上而下穿过滤料层、承托层,由配水系统收集,并经出水管排出。滤池按滤料层的数目可分为单层滤料滤池、双层滤料滤池和三层滤料滤池(图2-26)。无论是单层还是多层滤池,都需要承托层。承托层具有两方面的作用,一是防止过滤时滤料从配水系统中流失,二是反冲洗时起一定的均匀布水作用。承托层一般采用天然砾石或卵石,粒度从 2~64mm,厚度从 100~700mm。双层及多层滤料滤池的设计参数如表 2-7 所示。①

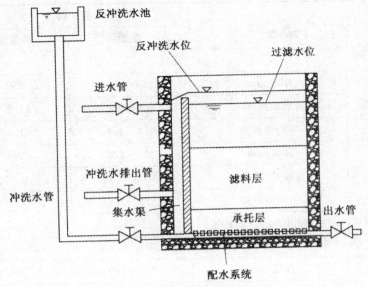

图 2-25　快速滤池原理图

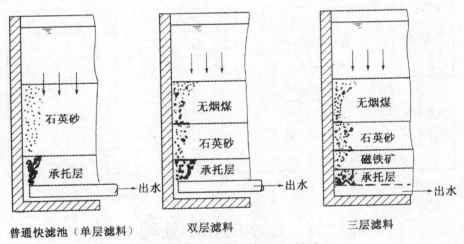

普通快滤池（单层滤料）　　　双层滤料　　　三层滤料

图 2-26　快滤池的不同类型

———————————

①　黄维菊．水污染治理与工业安全概论．北京：中国石化出版社，
2012：44~59

表 2-7 双层及多层滤料滤池的设计参数

特　征		数　值	
		范围	典型值
双层滤料			
无烟煤	深度/mm	300～600	450
	有效粒径/mm	0.8～2.0	1.2
	不均匀系数	1.3～1.8	1.6
砂	深度/mm	150～300	300
	有效粒径/mm	0.4～0.8	0.55
	不均匀系数	1.2～1.6	1.5
	滤速/[L/(m² · min)]	80～400	200
三层滤料			
无烟煤	深度/mm	200～500	400
	有效粒径/mm	1.0～2.0	1.4
	不均匀系数	1.4～1.8	1.6
砂	深度/mm	200～400	250
	有效粒径/mm	0.4～0.8	
	不均匀系数	1.3～1.8	1.6
石榴石或钛铁矿粒	深度/mm	50～150	100
	有效粒径/mm	0.2～0.6	0.3
	不均匀系数	1.5～1.8	1.6
	滤速/[L/(m² · min)]	80～400	200

第二节　污水的化学处理工艺

一、中和法

中和是采用化学法去除废水中的酸或碱,使 pH 值达到中性的过程。

(一)中和法原理

酸性或碱性废水中和处理基于酸碱物质摩尔数相等,具体公式如下:

$$Q_1 C_1 = Q_2 C_2$$

式中,Q_1 为酸性废水流量,L/h;Q_2 为碱性废水流量,L/h;C_1 为酸性废水酸的物质的量浓度,mmol/L;C_2 为碱性废水碱的物质的量浓度,mmol/L。

工业企业常常会有酸性废水和碱性废水,当这些废水含酸或碱的浓度很高时,例如在 3%～5% 以上,应尽可能考虑回用和综合利用,这样既可以回收有用资源,又可减少处理费用。当其含酸或碱的浓度较低时,回收或综合利用经济价值不大时,才考虑中和处理。对于酸、碱废水,常用的处理方法有酸性废水和碱性废水互相中和、药剂中和和过滤中和三种。

选择中和方法应考虑下列因素。

①废水所含酸类或碱类物质的性质、浓度、水量及其变化规律。

②就地取材所能获得的酸性或碱性废料及其数量。

③本地区中和药剂和滤料(如石灰石)的供应情况。

④接纳废水的管网系统、后续处理工艺对 pH 值的要求以及接纳水体环境容量。

酸性废水中和处理采用的中和剂和滤料有石灰、石灰石、白云石、苏打、苛性碱、氧化镁等;碱性废水中和处理通常采用盐酸和硫酸。

苏打和苛性碱具有宜贮存和投加、反应快、宜溶于水等优点,但其价格较高,通常很少采用。相反,石灰、石灰石、白云石来源广,价格低廉,常被采用。但其存在下列不足:劳动条件和环境条件差;产生泥渣量大,难于运送和脱水;对设备腐蚀性较强,且需投加和反应的设备较多。

（二）中和法工艺技术与设备

1.酸碱废水相互中和工艺

酸碱废水相互中和可根据废水水量和水质排放规律确定。当水质、水量变化较小时，且后续处理对 pH 值要求较宽时，可在管道、混合槽、集水井中进行连续反应；当水质、水量变化较大时，且后续处理对 pH 值要求较高时，应设连续流中和池。中和池水力停留时间视水质、水量而定，一般 1～2h；当水质变化较大，且水量较小时，宜采用间歇式中和池。为保证出水 pH 值稳定，其水力停留时间应相应延长，如 8h（一班）、12h（一夜）或 1d。

2.药剂中和处理

中和处理最常见的是酸性废水的中和处理。此时选择中和剂时应尽可能使用工业废渣，如电气石废渣、钢厂废石灰等。当酸性废水含有较多杂质时，宜投加具有一定絮凝作用的石灰乳。在含硫酸废水的处理中，因为生成的硫酸钙会在石灰颗粒表面形成覆盖层，影响或阻止中和反应的继续进行，所以，中和剂石灰石、白垩石或白云石的颗粒应在 0.5mm 以下。

由于中和剂往往含有一定量的杂质，加之中和剂中和反应一般不能完全彻底，因此中和剂用量应比理论用量要高。在无试验资料条件下，用石灰乳中和强酸（硫酸、硝酸和盐酸）时一般按 1.05～1.10 倍理论需要量投加；用石灰干投或石灰浆投加时，一般需要 1.40～1.50 倍理论需要量。

石灰作中和剂时，可干法和湿法投加，一般多采用湿式投加。投加工艺流程见图 2-27。当石灰用量较小时（一般小于 1t/d），可用人工方法进行搅拌、消解。反之，采用机械搅拌、消解。经消解的石灰乳排至安装有搅拌设备的消解槽，后用石灰乳投配装置（图 2-28）投加至混合反应装置进行中和。混合反应时间一般采用 2～5min。采用其他中和剂时，可根据反应速度的快慢适当延长反应时间。

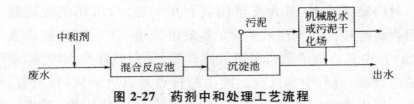

图 2-27　药剂中和处理工艺流程

(a) 投配系统　　(b) 投配器

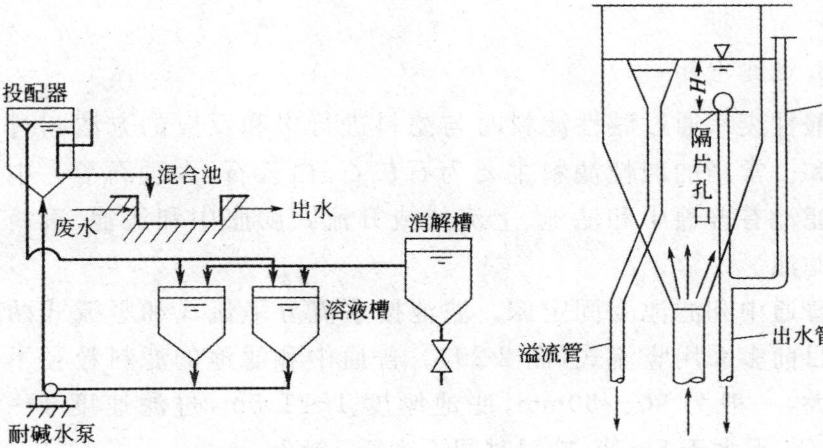

图 2-28　石灰乳投配系统

当废水水量较小时，可不设混合反应池；反之，水量很大时，一般需设混合反应池。石灰乳在池前投加，混合反应采用机械搅拌或压缩气体搅拌。

反应产生的沉渣通过沉淀去除。一般沉淀时间 1～2h。当沉渣量较小时，多采用竖流式沉淀池重力排渣；当沉渣量较大时，可采用平流式沉淀池排放沉渣。由于沉渣含水率约在 95%左右，渣量较大时，沉渣需进行机械脱水处理。反之，可采用干化场干化。

采用石灰或石灰乳等方式会产生大量沉渣，沉渣处理不仅设备投资费用较高，且人工成本较大，存在管理难、有环境风险等隐患。目前，大中城市的很多工业企业往往选用投加苛性碱等强碱物质，使之溶解后通过计量泵或蠕动泵投加，并采用 pH 计探头进行反应条件监控，有力地改善了反应条件，提高了中和处理的效果。

对应碱性废水,若含有可回收利用的氨时,可用工业硫酸中和回收硫酸铵。若无回收物质,多采用烟道气(二氧化碳含量可达 24%)中和。烟道气借助湿式除尘器、采用碱性废水喷淋,使气水逆向接触,进行中和反应。此法的特点是以废治废,投资省、费用低。但出水色度往往较高,会含有一定量的硫化物,需进一步处理。

3.过滤中和

酸性废水通过碱性滤料时与滤料进行中和反应的方法叫过滤中和。常用的碱性滤料主要为石灰石、白云石、大理石等。中和的滤池有普通中和滤池、上流式或升流式膨胀中和滤池、滚筒中和滤池。

普通中和滤池为固定床。滤池按水流分平流式和竖流式两种。目前多采用竖流式(图 2-29)。普通中和滤池的滤料粒径不宜过大,一般为 30～50mm,滤池厚度 1～1.5m,过滤速度 1～1.5m/h,不大于 5m/h,接触时间不少于 10min。

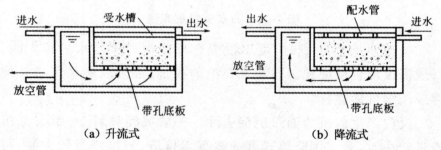

(a) 升流式　　　　　　　　　　(b) 降流式

图 2-29　普通中和池

升流式膨胀中和滤池分恒滤速和变滤速两种。恒滤速升流式膨胀中和滤池见图 2-30。滤池高度 3～3.5m。废水通过布水系统从池底进入,卵石承托层 0.15～0.2m,粒径 20～40mm。滤料粒径 0.5～3mm,滤层高度 1.0～1.2m。为使滤料处于膨胀状态并相互摩擦,滤速一般采用 60～80m/h,膨胀率保持在 50%左右。变速膨胀中和滤池见图 2-31。滤池下部横截面面积小,上部面积大。流速上部为 40～60/h,下部为 130～150m/h,克服了恒速膨胀滤池下部膨胀不起来,上部带出小颗粒滤料的缺点。

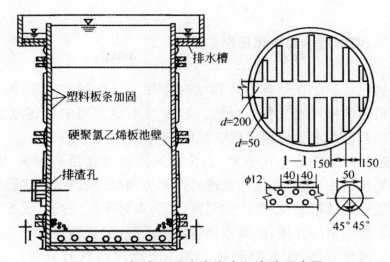

图 2-30　恒滤速升流膨胀中和滤池示意图

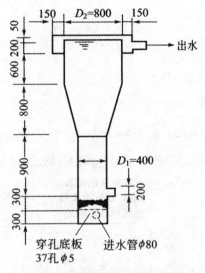

图 2-31　变速膨胀中和滤池

　　过滤中和滚筒为卧式,其直径一般 1m 左右,长度为直接的 6~7 倍。由于其构造较为复杂,动力运行费用高,运行时噪音较大,较少使用。[①]

────────

① 　成宜文.水污染控制工程.北京:化学工业出版社,2009:242~244

二、特殊污水的氧化还原

氧化还原法在处理特殊污水时采用。电镀污水处理中除去铬酸根和氰根可用氧化还原法。含汞污水也可用氧化还原法回收汞。有色污水也可用氧化法脱色。

按照污染物的净化原理,氧化还原处理法包括药剂法、电解法和光化学法三类,在选择处理药剂和方法时,应遵循下述原则。

①处理效果好,反应产物无毒无害,最好不需进行二次处理。

②处理费用合理,所需药剂与材料来源广、价格廉。

③操作方便,在常温和较宽的 pH 范围内具有较快的反应速度。

三、化学混凝

(一)混凝原理

化学混凝处理的对象主要是污水中的微小悬浮物和胶体杂质。如图 2-32 所示,其原理是在呈稳定状态微小悬浮物和胶体杂

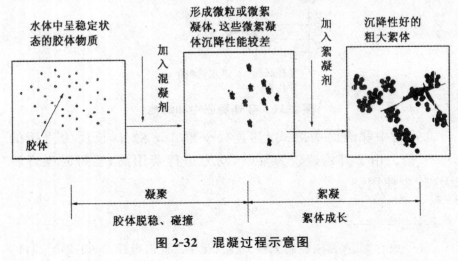

图 2-32　混凝过程示意图

质的污水中加入高分子混凝剂等,通过快速混合使之碰撞、脱稳,形成沉降性能较差的微粒或微絮凝体,进而再加入絮凝剂,使微粒或微絮凝体絮凝成长,变为沉降性好的粗大絮体而沉淀,以实现污水中的微小悬浮物和胶体杂质的分离的过程。化学混凝过程可简单归纳为三个阶段:胶体脱稳——絮体成长——沉淀去除。

(1)胶体的稳定性

如图 2-33 所示,原污水中的胶体因具有双电层结构而带电。由于胶体的带电现象,带相同电荷的胶粒将产生静电斥力,而且 ξ 电位越高,胶粒间的静电斥力越大;另一方面,由于受水分子热运动的撞击,使微粒在污水中将作不规则的运动,即"布朗运动";而胶粒之间还存在着相互引力即范德华引力的作用。

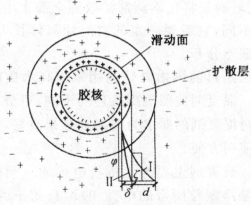

图 2-33 胶体结构和双电层示意图

通常胶体在上述诸力作用影响下,处于稳定平衡状态。胶体间的相互斥力不仅与 ξ 电位有关,还与胶粒的间距有关,距离越近,斥力越大。而布朗运动的动能不足以将两颗胶粒推进到使范德华引力发挥作用的距离。因此,胶体微粒不能相互聚结而长期保持稳定的分散状态。水化作用也使胶体不能相互聚结。

(2)胶体脱稳

混凝剂提供了大量正离子会涌入胶体扩散层甚至吸附层,使 ξ 电位降低。当 ξ 电位为零时(称为等电状态),此时胶体间斥力消失,胶粒最易发生聚结。实际上,ξ电位只要降至某一程度而使胶粒间排斥的能量小于胶粒布朗运动的动能时,胶粒就开始产生明显的聚结。胶粒因ξ电位降低或消除以至失去稳定性的过程,称为胶体脱稳。脱稳的胶粒相互聚结,称为凝聚。

（3）絮体成长沉淀去除

加入絮凝剂,由于高分子物质的吸附架桥作用而使微粒相互粘结的过程。进而沉淀物在自身沉降过程中具有网捕作用,能集卷、网捕水中的胶体等微粒,使悬浮物和胶体粘结而沉淀去除。

（二）混凝剂和助凝剂

1. 混凝剂

一般把能起凝聚与絮凝作用的药剂统称为混凝剂。凝聚是瞬时的,所需的时间是将化学药剂扩散到全部水中的时间。絮凝则与凝聚作用不同,它需要一定的时间让絮体长大,但在一般情况下两者难以截然分开。

混凝沉降法是目前国内外普遍用来提高水质的一种既经济又简便的方法。混凝剂按照混凝机理的不同,可分为凝聚剂和絮凝剂两大类。对混凝剂的要求为混凝剂效果良好,对人体健康无害,价廉易得,使用方便。

①凝聚剂。凝聚剂主要为无机盐电解质。无机盐电解质的金属离子应和悬浮颗粒所带的电性相反,且离子的价态越高,所起的凝聚作用越强,与絮凝剂相比,无机电解质价廉,且对微细固体颗粒的作用较为有效,但凝聚体的粒度不大,故常与絮凝剂联合使用。

工业上常用的凝聚剂多为阳离子型。凝聚剂可分为以下类型。

无机盐:如硫酸铝[$Al_2(SO_4) \cdot 18H_2O$]和硫酸铝钾[俗称明矾,$KAl(SO_4)_2 \cdot 12H_2O$]、硫酸铁和硫酸亚铁（绿矾 $FeSO_4 \cdot 7H_2O$）、碳酸镁（$MgCO_3$）、铝酸钠（$NaAlO_2$）、氯化铁（$FeCl_3$）和氯化铝（$AlCl_3$）、氯化锌（$ZnCl_2$）等。

金属氢氧化物：如氢氧化铝 $[Al(OH)_3]$、氢氧化铁 $[Fe(OH)_3]$、氢氧化钙$[Ca(OH)_2]$等。

聚合无机盐：是一类高效凝聚剂，主要是聚合铝、聚合铁。可细分为：聚合氯化铝（PAC）、聚合氯化铁（PFC）、聚合硫酸铁（PFS）、聚合磷酸铝（PAP）、聚合磷酸铁（PFP）、聚合氯化铝铁（PAFC）、聚合硫酸铝铁（PAFS）、聚合磷酸铝铁（PAFP）、活化硅酸（AS）等。

聚合氯化铁和聚合氯化铝的絮凝机理差不多，其与无机盐相比具有更好的混凝效果，用量也仅为其无机盐的 $1/3\sim1/2$。

需要特别指出的是，铝盐和铁盐的凝聚机理是非常复杂的，其凝聚作用并非只是源自 Al^{3+} 或 Fe^{3+}，而主要是聚合离子的作用。由于这些凝聚剂都是强酸弱碱盐，在不同 pH 值的污水中，凝聚剂的电解产物往往不同，因此，使用时调整污水的 pH 值往往显得非常重要。

②絮凝剂。絮凝剂为有一定线形长度的高分子有机聚合物。絮凝剂的种类很多，按其来源可分为天然的和合成的两大类，按官能团分类主要有阴离子、阳离子和非离子三大类型。

天然高分子絮凝剂主要有淀粉、单宁、纤维素、藻朊酸纳、古尔胶、动物胶和白明胶等。人工合成的中，用的最为广泛的是聚丙烯酰胺及其衍生物。表 2-8 列出了主要混凝剂。

表 2-8　主要混凝剂

类别		主要混凝剂
无机类	低分子 — 无机盐类	硫酸铝、硫酸铁、硫酸亚铁、铝酸钠、氯化铁、氯化铝、碳酸镁、膨润土
	低分子 — 碱类	碳酸钠、氢氧化钠、氧化钙
	低分子 — 金属电解产物	氢氧化铝、氢氧化铁
	高分子 — 阳离子型	聚合氯化铝、聚合硫酸铝
	高分子 — 阴离子型	活性硅酸

续表

类别			主要混凝剂
有机类	表面活性剂	阴离子型 阳离子型	月桂酸钠、硬脂酸钠、油酸钠、松香酸钠 十二烷胺醋酸、十八烷胺醋酸、松香胺醋酸、烷基三甲基氯化铵
	低聚合度高分子	阴离子型	藻朊酸钠、羧甲基纤维素钠盐
		阳离子型	水溶性苯胺树脂盐酸盐、聚乙烯亚胺
		非离子型	淀粉、水溶性尿醛树脂
	高聚合度高分子	两性型	动物胶、蛋白质
		阴离子型	聚丙酸钠、水解聚丙烯酰胺
		阳离子型	聚乙烯吡啶盐、乙烯吡啶聚合物
		非离子型	聚丙烯酰胺、氯化聚乙烯

2.助凝剂

当单用混凝剂不能取得良好效果时,可投加某类辅助药剂以提高混凝效果,这种辅助药剂称为助凝剂。

①pH 调整剂。常用的 pH 调整剂有 CaO、$Ca(OH)_2$、$NaOH$、Na_2CO_3 等。

②絮体结构改良剂。如活性硅酸、粘土等。

③氧化剂。可投加 Cl_2、$NaClO$、O_3 等来破坏有机物,以提高混凝效果。

四、化学沉淀法

化学沉淀法就是用易溶的化学药剂,使污水中的某种离子以其难溶盐或氢氧化物的形式从污水中析出,从而使污水达到净化的方法。污水净化处理中,常用化学沉淀法除去的有害离子有:Hg^{2+}、Cd^{2+}、Pb^{2+}、Cu^{2+}、Zn^{2+}、Cr^{6+}、SO_4^{2-}、PO_4^{3-} 等。

难溶盐和难溶氢氧化物在溶液中的离子的浓度之积是常数。当能结合成难溶盐或难溶氢氧化物的两种离子的浓度之积超过这种盐或氢氧化物的溶度积时,就会析出这种盐或氢氧化物,而这两种离子的浓度将下降,需要去除的离子就与污水分离,从而减少这两种离子在污水中的浓度。生成的难溶盐或氢氧化物经絮凝沉淀后,可通过压滤实现泥水分离。滤渣必须妥善处理,一般采用安全填埋方式处理。

第三节　污水的物理化学处理工艺

本节主要介绍污水的物理化学处理的基本原理、工艺条件、主要设备及其应用。常用的物理化学处理法有吸附、离子交换、浮选及萃取四种。

采用物理化学法治理工业废水,通常都需先进行预处理,尽量除去废水中的悬浮物、油类、有害气体等杂质,或调整污水的pH值,以提高回收率并尽可能地减少损耗。

一、吸附

吸附是一种物质附着在另一种物质表面上的过程,它可以发生在气－液、气－固、液－固两相之间。在污水处理中,吸附则是利用多孔性固体吸附剂的表面吸附污水中的一种或多种污染物,达到污水净化的过程。这种方法主要用于低浓度工业废水的处理。

(一)吸附原理

1.吸附过程理论

吸附过程是一种界面现象,其作用过程在两个相的界面上。例如,活性炭与污水相接触,污水中的污染物会从水中转移到活性炭的表面上,这就是吸附作用。具有吸附能力的多孔性固体物质称为吸附剂,而污水中被吸附的物质称为吸附质。

吸附剂与吸附质之间的作用力有静电引力、分子引力(范德华力)和化学键力。根据固体表面吸附力的不同,吸附可以分为三个基本类型。

(1)物理吸附

物理吸附是吸附质与吸附剂之间的分子引力所产生的吸附,这是最常见的一种吸附现象。特点是被吸附物的分子不是附着在吸附剂表面固定点上,而是稍能在界面上作自由移动。物理吸附是一放热反应,吸附热较小,约 42kJ/mol 或更少。在低温下就可以进行,可以形成单分子层或多分子层吸附。因为分子引力普遍存在,一种吸附剂可以吸附多种物质,但吸附剂性质不同,某一种吸附剂对吸附质的吸附量也有所差别,所以可以认为物理吸附没有选择性。

(2)化学吸附

化学吸附是吸附质与吸附剂之间发生化学反应,形成牢固的吸附化学键和表面配合物的过程。吸附时放热量较大,与化学反应的反应热相近,约 84~420kJ/mol。由于化学反应需要大量的活化能,因而一般需在较高的温度下进行,它是一种选择性吸附,一种吸附剂只对某种或特定几种吸附质有吸附作用,这种吸附较稳定,不易解吸,且吸附与吸附剂表面化学性质有关,也与吸附质的化学性质有关。如锌粒吸附了污水中的汞,汞置换了锌粒表层的锌,生成了锌汞齐合金。化学吸附与物理吸附的比较如表 2-9 所示。

表 2-9 化学吸附与物理吸附的比较

项目	物理吸附	化学吸附
吸附剂	一切固体	某些固体
温度范围	接近沸点温度时发生,在多孔固体颗粒的微孔中可高于沸点温度	可在远高于沸点温度下发生
吸附热	8~25kJ/mol,很少超过凝结热	通常大于 80kJ/mol
活化能	低,脱附时<8kJ/mol	高,脱附时>80kJ/mol,对非活化化学吸附,此值较低
覆盖度	多层吸附	单层吸附或不满一层

项目	物理吸附	化学吸附
可逆性	高度可逆	常为不可逆
应用	测定固体表面积、孔大小；分离或净化气体或液体	测定表面浓度，吸附和脱附速率；估计活性中心面积

（3）离子交换吸附

离子交换吸附即通常所说的离子交换。吸附质的离子由于静电引力聚集到吸附剂表面的带电点上，并转换出原先固定在这些带电点上的其他离子。离子的电荷是交换吸附的决定因素，离子所带电荷越多，它在吸附剂表面上的反电荷点上的吸附力越强。

在污水处理中，吸附过程往往是上述几种吸附作用的综合结果。由于吸附质、吸附剂及其他因素的影响，可能某种吸附是主要的。

2. 吸附平衡和吸附容量

吸附过程为一可逆过程，当污水、吸附剂两相经充分接触后，最终将达到吸附与脱附的动态平衡。当达到动态平衡时，吸附速度与脱附速度相等，吸附质在吸附剂及溶液中的浓度都将不再改变。此时，吸附质在液相中的浓度称为平衡浓度。

吸附剂对吸附质的吸收效果，一般用吸附容量和吸附速度来衡量。吸附容量指单位质量吸附剂所吸附的吸附质的质量，可由式（2-6）计算。

$$q = \frac{V(c_0 - c)}{W} \tag{2-6}$$

式中，q 为吸附容量，g/g；V 为污水体积，L；c_0 为原水中吸附质浓度，g/L；c 为吸附平衡时水中剩余的吸附质浓度，g/L；W 为吸附剂投加量，g。

显然，吸附容量越大，单位吸附剂处理水量越大，吸附时间越长，运转管理费用越少。

吸附等温线表征了吸附容量与相应的平衡浓度之间的关系

曲线,通过实验做出的吸附等温线如图 2-34 所示。

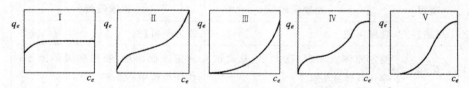

图 2-34　物理吸附的几种吸附等温线

3. 吸附等温式

描述吸附等温线的数学表达式称为吸附等温式。常用的有郎格谬尔吸附等温式和弗里德里希吸附等温式。

(1)郎格谬尔吸附等温式

郎格谬尔吸附的基本假设为吸附剂表面均匀,各处吸附能力相同;吸附是单分子层吸附,其吸附量达到最大值;吸附分子之间没有作用力;一定条件下,吸附与脱附可达到动态平衡。根据动力学方法可以推导出郎格谬尔吸附等温式为

$$q = N_m \frac{kc}{1+kc} \tag{2-7}$$

式中,N_m 为单分子层覆盖的饱和值,与温度无关;q 为平衡吸附量,mg/g;k 为吸附系数,k 值的大小代表了固体表面吸附能力的强弱,又称吸附平衡常数;c 为吸附质的浓度,g/L。

为计算方便起见,将式(2-7)变形为一个线性形式:

$$\frac{1}{q} = \frac{1+kc}{N_m kc} = \frac{1}{N_m kc} + \frac{1}{N_m} \tag{2-8}$$

根据实验情况,按式(2-8)以[$1/q$]对[$1/c$]作图,能得到一条直线,如图 2-35(a)所示。

(2)弗里德里希吸附等温式

弗里德里希吸附等温式为指数型的经验公式。

$$q = Kc^{\frac{1}{n}} \tag{2-9}$$

式中,K 为弗里德里希吸附系数;n 为系数,通常大于 1;其他符号意义同前。

式(2-9)虽为经验式,但与实验数据相当吻合,通常将该式绘

制在双对数坐标纸上以便确定 K 与 n 值，在式（2-9）两边取对数，得

$$\lg q = \lg K + \frac{1}{n}\lg c \qquad (2\text{-}10)$$

由实验数据按式（2-10）作图得一直线［图 2-35（b）］，其斜率等于 $\frac{1}{n}$，截距等于 $\lg K$。一般认为，$\frac{1}{n}$ 的值介于 $0.1 \sim 0.5$ 时，易于吸附，$\frac{1}{n}$ 大于 2 时，难以吸附。

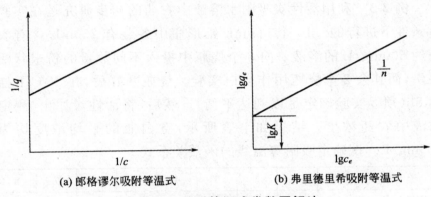

(a) 郎格谬尔吸附等温式　　(b) 弗里德里希吸附等温式

图 2-35　吸附等温式常数图解法

弗里德里希吸附等温式在一般的浓度范围内与郎格谬尔吸附等温式比较接近，但在高浓度时不像郎格谬尔吸附等温式那样趋向于一个定值；在低温时也不会还原成一条直线。当污水中混合着吸附难易不同的物质时，则等温线不成直线。

表 2-10 列举了活性炭吸附污水中酚、醋酸等时的 K 与 n 值，可供参考。

表 2-10　活性炭在某些物质水溶液中的吸附

吸附质	温度/℃	K	n	吸附质	温度/℃	K	n
酚	20	17.18	0.23	醋酸	50	0.08	0.66
酚	70	2.19	0.47	醋酸	70	0.04	0.75
甲酚	20	2.00	0.48	醋酸戊酯	20	4.80	0.49
醋酸	20	0.97	0.4				

例 2-2 用活性炭吸附水中色素的试验方程式为 $q=3.9c^{0.5}$。今有 100L 溶液，色素浓度为 0.05g/L，欲将色素除去 90%，加多少活性炭？

解：平衡时的 $c=0.05\times(1-90\%)=0.005(\text{g/L})$

$$q=3.9\times0.005^{0.5}=0.276(\text{g/g})$$

$$W=\frac{V(c_0-c)}{q}=\frac{100\times(0.05-0.005)}{0.276}=16.3(\text{g})$$

应该注意，上述吸附等温式仅适用于单组分吸附体系。

例 2-3 利用活性炭吸附水溶液中农药的初步研究是在实验室条件下进行的。10 个 500mL 锥形瓶中各装有 250mL 含有农药约 500mg/L 的溶液。向 8 个烧瓶中投入不同数量的粉末状活性炭，而其余 2 个烧瓶用作空白实验。烧瓶塞好后，在 25℃下摇动 8h（须经实验确定足以到达平衡）。然后，将活性炭滤出，测定滤液中农药浓度。结果如下表所示，空白瓶的平均浓度均为 515mg/L。试确定吸附等温线的函数关系式。

瓶号	1	2	3	4	5	6	7	8
农药溶度/(μg/L)	58.2	87.3	116.4	300	407	786	902	2940
活性炭投量/(mg/L)	1005	835	641	491	391	298	290	253

解：①利用式（2-6）求出每个烧瓶的 q 值，以瓶号 1 为例。

$$q=\frac{V(c_0-c)}{W}=\frac{0.25\times(515-0.0582)}{1005}=0.128(\text{mg/mg})$$

②将求出的 q、$1/c$、$1/q$ 列表并作图。

瓶号	1	2	3	4	5	6	7	8
q/(mg/mg)	0.128	0.154	0.201	0.262	0.329	0.431	0.443	0.506
$1/q$	7.81	6.49	4.98	3.82	3.04	2.32	2.26	1.976
$(1/c)$/(L/mg)	17.2	11.5	8.59	3.33	2.46	1.272	1.109	0.340

③由图 2-36（a），有截距$=\dfrac{1}{N_m}=2.0$；斜率$=\dfrac{1}{N_mk}=0.375$，故 $N_m=0.5$，$k=2.0/0.375=5.33$，得郎格谬尔吸附等温式：

$$q = \frac{0.5 \times 5.33c}{1 + 5.33c}。$$

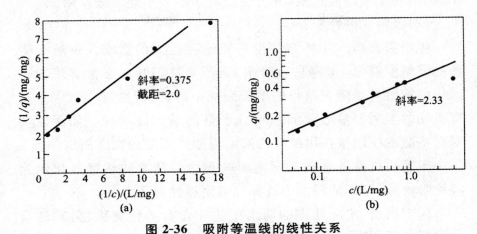

图 2-36　吸附等温线的线性关系

④计算式(2-3)中的 K 和 $1/n$，根据图 2-36(b)，有斜率 $= \frac{1}{n} = \frac{1}{2.33} = 0.43$，$K = 0.47$($c = 1$ 时的 q 值)，得弗里德里希吸附等温式 $q = 0.47c^{0.43}$。

4. 吸附的影响因素

（1）吸附剂的性质

因为吸附现象是发生在吸附剂的表面上，所以吸附剂的比表面积越大，吸附能力越强，吸附容量也越大。在能够满足吸附质分子扩散的条件下，吸附剂的比表面积越大越好。如粉状活性炭比粒状活性炭性能好的主要原因就在于其比表面积比粒状活性炭的大。

吸附剂的种类不同，吸附效果不同。一般说来，极性分子型吸附剂易吸附极性分子型吸附质，非极性分子型吸附剂易吸附非极性的吸附质。

此外，吸附剂的颗粒大小、孔结构及表面化学性质对吸附剂也有很大影响。吸附剂的颗粒大小主要影响它的吸附速度，小粒径的吸附剂具有较高的吸附速度。吸附剂内孔的大小和分布对吸附性能影响很大。孔径太大,表面积小,吸附能力差;孔径太小,则不利于吸附质扩散,并对直径较大的分子起屏蔽作用。

（2）吸附质的性质

吸附质在污水中的溶解度对吸附有较大的影响。一般吸附质的溶解度越低,越容易被吸附,而不易被解吸。通常有机物在水中的溶解度是随着链长的增长而减小的,而活性炭在污水中对有机物的吸附容量随着同系物分子量的增大而增加。如活性炭对有机酸的吸附量按甲酸＜乙酸＜丙酸＜丁酸的次序而增加。

吸附质极性的强弱对吸附影响很大。硅胶和活性氧化铝为极性吸附剂,可以从污水中选择性吸附极性分子。

应当指出,实际处理的污水中往往含有多种有机物,其性质和浓度各不相同,而且受生产工艺的影响,它们的变化也大,相互之间可以互相促进、互相干扰和互不相干。

（3）操作条件

吸附是放热过程,低温有利于吸附,升温有利于脱附。

污水处理中,pH 值对吸附的影响主要是由于 pH 值对吸附质在污水中的存在形式有影响,进而影响吸附效果。pH 值控制某些化合物的离解度和溶解度,不同污染物吸附的最佳 pH 值应通过试验确定。一般用吸附法处理的污水应呈酸性。

吸附速度随吸附剂与吸附质性质而变化,所以达到吸附平衡所需的时间也不一样。在吸附过程中,一定要保证吸附剂与吸附质有适当的接触时间,充分发挥吸附剂的吸附能力。影响接触时间的因素是污水流速与吸附剂层的高度。污水流速越大,所需吸附剂层高度就越大,吸附装置的高度与直径比也就越大;反之,吸附装置的高度与直径比就小。一般比值在 2～6 之间为好。

（二）吸附剂

一切固体物质的表面都有吸附作用。但实际上,只有多孔性物质或磨得极细的物质,由于具有很大的比表面积,才有明显的吸附能力,也才能作为吸附剂。工业应用的吸附剂应满足下列要求:吸附能力强,吸附选择性好,吸附平衡浓度低,容易再生与再利用,化学稳定性好,机械强度好,来源广及价格低廉等。一般工业吸附剂很难同时满足以上要求,应根据不同场合选用合适的吸附剂。

在污水处理过程中,应用的吸附剂有活性炭、焦炭、硅藻土、木炭、木屑、腐殖酸以及大孔径吸附树脂等。其中活性炭是目前应用最为广泛的吸附剂。

活性炭是一种非极性吸附剂,是以含炭为主的物质作原料,经高温炭化和活化制得的疏水性吸附剂。它最重要的物理性质是其特有的孔隙结构和巨大的比表面积($600 \sim 1500 m^2/g$),这是活性炭吸附能力强,吸附容量大的主要原因。一般活性炭的微孔容积为 $0.15 \sim 0.9 mL/g$,其表面积却占总表面积的 95%;过渡孔容积约为 $0.02 \sim 0.1 mL/g$,除特殊活化方式外,其表面积不超过总面积的 5%,大孔容积约为 $0.2 \sim 0.5 mL/g$,其表面积仅为 $0.2 \sim 0.5 m^2/g$。

环保治理系列活性炭用优质椰壳、杏壳及各种优质煤为原料,采用物理法活化工艺,经多道工序精制而成,常规环保治理系列活性炭指标产品型号见表 2-11。

表 2-11　环保治理系列活性炭指标产品型号

产品型号	101 型净水炭	102 型净水炭	202 型净水炭	8♯煤质颗粒炭	15♯煤质颗粒炭	污水处理炭
材质	果壳	果壳	椰壳	煤质	煤质	木质
粒度	10～20 目	10～20 目	10～20 目	$\varphi 1.0 \sim 1.5 mm$	$\varphi 3.0 \sim 4.0 mm$	200 目
水分/%	≤40	≤15	≤15	≤5	≤5	≤15
强度/%	≤95	≤90	≤95	≤90	≤90	—
比表面积 /(m²/g)	1000±50	1000±50	1000±50	700～900	600～800	—
总孔容积 /(cm³/g)	0.85	0.85	0.90	0.85	0.65	—
酸碱度 (pH)	4.5～7.5	4.5～7.5	≥7	≥7	≥7	4～11
碘吸附值 /(mg/g)	800～950	800～950	900～1050	700～900	600～800	600～800

环保治理系列活性炭具有比表面积大,孔隙机构发达,吸附力强,耐磨强度高等特点,适用于生活、工业水质净化。广泛应用于电厂、石化、食品饮料、医用工业、化学工业,能有效吸附水中的游离氯、酚、硫、油等有机污染物,也可用于工业尾气净化,烟气脱硫,溶剂回收的脱色、去异味、提纯。

脱硫专用炭具有大的比表面积,合适的孔隙结构,炭表面形成一种特殊的化学活性基团,对 H_2S 和二氧化硫有很高的吸附作用,适用于煤气、半水煤气、天然气的净化。

(三)吸附的操作和应用

1.吸附操作

(1)静态吸附

静态吸附操作指污水在不流动的条件下,进行的吸附操作。其工艺过程是把一定量吸附剂投入欲处理的污水中,不断地进行搅拌,达到吸附平衡后,再用沉淀或过滤的方法使污水与吸附剂分开。显然静态吸附操作是间歇操作。由于比较麻烦,在污水处理中应用较少。

(2)动态吸附

动态吸附就是污水在流动条件下进行的吸附。它是把欲处理的污水连续地通过吸附剂填料层,使污水中的杂质得到吸附。吸附剂经过一定时间的吸附后,吸附能力逐渐降低,吸附后出水中未被吸附的污染物逐渐增多,当超过到规定的浓度后,再流出水的水质就不符合要求,这种现象称为穿透(又称为破过)。从吸附开始到穿透点(即容许出水浓度)为止,这一段工作时间称为吸附床的有效工作时间。一般在达到有效工作时间之前就应对吸附剂进行再生或更新。从穿透点到接近活性炭的饱和吸附点之间的吸附剂滤层称为吸附带。吸附带与吸附剂的性质、被吸附物质的成分、生产运行条件等因素均有密切关系。以时间为横坐标,出水中污染物的浓度为纵坐标,所做曲线即为穿透曲线,如图2-37 所示。

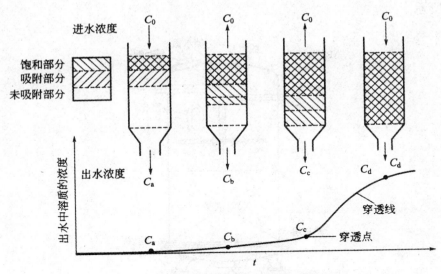

图 2-37　吸附带的移动和穿透线

　　图中对应的 c 点为穿透点,当出水溶质浓度达到进水浓度的 $90\%\sim95\%$,即 c_d 时,即可认为吸附柱的吸附能力已经耗尽,该点即为吸附终点 d。从吸附带的移动和穿透曲线可以了解吸附剂的性质、被吸附物质的成分和实际运行操作的情况。

　　随着吸附带被饱和部分和吸附部分的增长,流出液中杂质浓度也相应增大。当吸附剂全部被溶质所饱和时,则流出液中的杂质浓度就剧增,这种情况如图 2-38 中穿透线所示。

　　在实际进行吸附操作时,吸附带的长度与吸附速度有密切关系。当污水流速很低时,即与吸附剂的接触时间很长时,吸附带长度就短,反之就长。所以,在实际运行中应该使污水与活性炭具有较充分的接触时间,获得较好的净化效果。

　　由上述分析可知,在动态吸附中,当吸附剂再生时,吸附柱上下层的吸附剂并未全部达到吸附饱和状态。所以,在动态吸附操作时,单位吸附剂的吸附量即吸附的动活性永远小于吸附剂的静活性。一般活性炭的动活性为静活性的 $80\%\sim85\%$,而硅胶的则为 $60\%\sim70\%$。

　　动态吸附常用的设备有固定床、移动床、流化床三种。

　　①固定床。固定床是污水处理中常用的吸附装置,如图 2-38

所示。

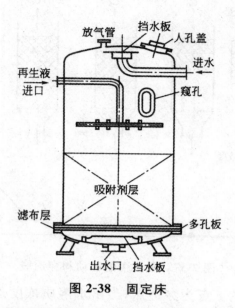

图 2-38　固定床

当污水连续地通过填充吸附剂的设备时,污水中的吸附质便被吸附剂吸附。若吸附剂数量足够时,从吸附设备流出的污水中吸附质的浓度可以降低到零。吸附剂使用一段时间后,出水中的吸附质的浓度逐渐增加,当增加到一定数值时,应停止通水,将吸附剂进行再生。吸附和再生可在同一设备内交替进行,也可将失效的吸附剂排出,送到再生设备进行再生。因这种动态吸附设备中,吸附剂在操作过程中是固定的,所以叫固定床。

固定床根据处理水量、水质和处理要求可分为单床式、多床串联式和多床并联式三种(图 2-39)。对于单床式及多床串联式固定床需设置备用设备。

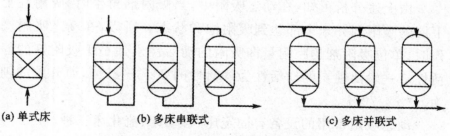

图 2-39　固定床吸附操作示意图

对于量较大的污水处理,多采用平流式或降流式吸附滤池。平流式吸附滤池把整个池身分为若干小的吸附滤池区间,这样的构造,可以使设备保持连续不断地工作,某一段再生时,污水仍可进入其余的区段进行处理,不至于影响全池工作。

②移动床。移动床的吸附操作如图 2-40 所示。原水从吸附塔底部流入和吸附剂进行逆流接触,处理后的水从塔顶流出,再生后的吸附剂从塔顶加入,接近吸附饱和的吸附剂从塔底间歇地排出。移动床的优点是占地面积小,连接管路少,基本上不需要反冲洗。缺点是难于均匀地排出炭层;操作要求严格,不能使塔内吸附剂上下层互混;不利于生物协同作用。

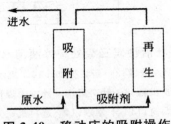

图 2-40　移动床的吸附操作

③流化床。吸附剂在塔中处于膨胀状态,塔中吸附剂与污水逆向连续流动。流化床是一种较为先进的床型。与固定床相比,可使用小颗粒的吸附剂,吸附剂一次投加量较小,不需反洗,设备小,生产能力大,预处理要求低。但运转中操作要求高,不易控制,同时对吸附剂的机械强度要求较高。目前应用较少。

2. 吸附法在污水处理中的应用

在污水处理中,吸附法处理的主要对象是污水中用生化法难于降解的有机物或一般氧化法难于氧化的溶解性有机物。

我国建成的一套大型的炼油污水活性炭吸附处理的工业装置,其工艺流程如图 2-41 所示。

炼油污水经隔油、浮选、生化和砂滤后,自下而上流经吸附塔活性炭层,到集水井 4,由水泵 5 送到循环水场,部分水作为活性炭输送用水。处理后挥发酚<0.01mg/L、氰化物<0.05mg/L、油含量<0.3mg/L,主要指标达到和接近地面水标准。

吸附塔为移动床型 $\phi 4400 \times 8000$，4 台，每台处理量 150t/h，再生炉除外。热式回转再生炉，$\phi 700 \times 15700$，处理能力 100kg/h。

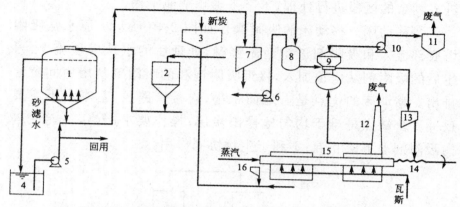

图 2-41 粒状活性炭三级处理炼油污水工艺流程图

1—吸附塔；2—冲洗罐；3—新炭投加斗；4—集水井；5—水泵；

6—真空泵；7—脱水罐；8—储料罐；9—沸腾干燥床；10—引风机；

11—旋风分离器；12—烟筒；13—干燥罐；14—进料机；15—再生炉；16—冷急罐

活性炭吸附法应用较多的是给水处理中去除微量有害物质，在污水处理中应用于深度处理，去除难于降解或化学氧化的少量有害物质，去除色素、杀虫剂、洗涤剂以及一些如汞、锑、铋、铬、镉、银、铅、镍等重金属离子。

(四)吸附装置的工艺设计实例

某纺织厂在合成高聚物后，洗涤水采用活性炭吸附。处理水量 $Q = 150 \text{m}^3/\text{h}$，原水 COD 平均为 90mg/L，要求出水 COD 值小于 30mg/L，试确定吸附塔的基本尺寸。

根据动态吸附试验结果，决定采用降流式固定床，其设计参数如下。

①该活性炭的吸附量 $q = 0.12 \text{g COD/g}$ 炭。

②污水在塔中的下降流速 $v_2 = 6 \text{m/h}$。

③接触时间 $t = 40 \text{min}$。

④炭层密度 $\rho = 0.43 \text{t/m}^3$。

解：①吸附塔的面积 $A = \dfrac{Q}{v_2} = \dfrac{150}{6} = 25(\mathrm{m}^2)$

采用二塔并联降流式固定床，如图 2-42 所示。

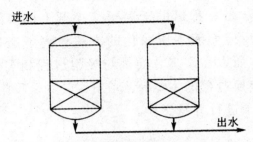

图 2-42　二塔并联降流式固定床

②每个塔的面积 A' 为

$$A' = \frac{A}{n} = \frac{25}{2} = 12.5(\mathrm{m}^2)$$

③吸附塔直径 D 为

$$D = \sqrt{\frac{4A'}{\pi}} = \sqrt{\frac{4 \times 12.5}{\pi}} = 3.99(\mathrm{m}) \quad 采用 4\mathrm{m}$$

④吸附塔炭层高度 h 为

$$h = v_2 \cdot t = 6 \times \frac{40}{60} = 4(\mathrm{m})$$

⑤每个吸附塔炭层的容积 V 为

$$V = A'h = 12.5 \times 4 = 50(\mathrm{m}^2)$$

⑥每塔填充活性炭质量 G 为

$$G = V\rho = 50 \times 0.43 = 21.5(\mathrm{t})$$

⑦每塔每天应处理的水量 Q_1 为

$$Q_1 = \frac{Q}{2} \times 24 = \frac{150}{2} \times 24 = 1800(\mathrm{t})$$

⑧每个吸附塔每天应吸附的 COD 值 W 为

$$W = V(c_0 - c) = \frac{(90 - 30) \times 1800}{1000} = 108(\mathrm{kg/d})$$

⑨活性炭再生周期 T 为

$$T\frac{Gq}{W} = \frac{21.5 \times 1000 \times 0.12}{108} = 24(\mathrm{d})$$

二、离子交换法

离子交换法是一种借助于离子交换剂上的离子和污水中的离子进行交换反应而使水质净化的方法。离子交换过程是一种特殊吸附过程,所以在许多方面都与吸附过程相类似。但与吸附相比较,离子交换过程的主要特点在于:它主要吸附水中的离子,并与水中的离子进行等量交换。

(一)离子交换剂

1.离子交换剂的分类

离子交换剂按母体材质不同可以分为无机和有机两大类。无机离子交换剂有天然沸石和人工合成沸石。沸石既可作阳离子交换剂,也能用作吸附剂,成本较低,但不能在酸性条件下使用。有机离子交换剂有磺化煤和各种离子交换树脂。目前在水处理中广泛使用的是离子交换树脂。

离子交换树脂是一类具有离子交换特性的有机高分子聚合电解质,是一种疏松的具有多孔结构的固体球形颗粒,粒径一般为 $0.3 \sim 1.2 mm$,不溶于水,也不溶于电解质溶液。化学结构可分为不溶性树脂母体和活性基团两部分。树脂母体为有机化合物和交联剂组成的高分子共聚物。交联剂的作用是使树脂母体形成立体的网状结构。活性基团由起交换作用的离子和树脂母体连接成的固定离子组成。如磺酸型阳离子交换树脂 $R-SO_3^- H^+$,其中 R 为树脂母体,SO_3H 为交换基团,H^+ 为可交换离子。季铵型阴离子交换树脂:$R\equiv N^+ OH^-$,R 为树脂基团,NOH 为交换基团,OH^- 是可交换离子。

阳离子交换树脂内的活性基团是酸性的,它能够与溶液中的阳离子进行交换。如 $R-SO_3H$,酸性基团上的 H^+ 可以电离,能与其他阳离子进行等量的离子交换。阴离子交换树脂内的活性基团是碱性的,它能够与溶液中的阴离子进行交换。如 $R-NH_2$

活性基团水合后形成含有可离解的 OH^-。

$$R-NH_2 + H_2O \xrightarrow{\text{水合}} R-NH_3^+OH^-$$

OH^- 可以与其他阴离子进行等量交换。

根据活性基团酸性的强弱,可将树脂分为强酸型(RSO_3H)、弱酸型($RCOOH$)、强碱型(R_4NOH)、弱碱型($R-NH_3OH$、$R2=NH_2OH$、R_3NHOH)四类。活性基团中的 H^+、OH^- 可分别用 Na^+、Cl^- 代替,因此,阳离子交换树脂有氢型和钠型之分,阴离子交换树脂有氢氧型和氯型之分。

2. 离子交换树脂的性能指标

离子交换树脂的性能对污水处理效率、再生周期及再生剂的消耗量有很大影响,衡量离子交换树脂性能的指标如下。

(1)选择性

离子交换树脂对水中各种离子的吸附能力不同,其中某些离子很容易吸附而另一些离子却很难吸附。树脂在再生时,有的离子容易被转换下来,而有的离子却很难被置换。离子交换树脂对某种离子能优先吸附的性能称为选择性,它是决定离子交换法处理效率的一个重要因素。在常温和低浓度溶液中,各种树脂对不同离子的选择性大致有如下规律。

强酸性阳离子交换树脂的选择性顺序:

$$Fe^{2+} > CO^{3+} > Al^{3+} > Ca^{2+} > Mg^{2+} > Ag^+$$
$$> K^+ > Na^+ > H^+ > Li^+$$

弱酸性阴离子交换树脂的选择性顺序:

$$H^+ > Fe^{3+} > Al^{3+} > Ca^{2+} > Mg^{2+} > K^+ > Na^+ > Li^+$$

强碱性阴离子交换树脂的选择性顺序:

$$Cr_2O_7^{2-} > SO_4^{2-} > CrO_4^{2-} > NO_3^- > Cl^- > OH^-$$
$$> F^- > HCO_3^- > HSiO_3^-$$

弱碱性阴离子交换树脂的选择性顺序:

$$OH^- > Cr_2O_7^{2-} > SO_4^{2-} > NO_3^- > Cl^- > OH^- > HCO_3^-$$

螯合树脂(钠型)的选择性顺序与树脂种类有关。螯合树脂(亚氨基醋酸型)在化学性质上与弱酸性树脂相类似,但比弱酸性树脂对重金属的选择性要好。它与金属反应如下。

$$R-CH_2N \begin{array}{c} CH_2COONa \\ \\ CH_2COONa \end{array} +M^{2+} \longrightarrow R-CH_2N-M \begin{array}{c} CH_2C-O \\ \parallel \\ O \\ \\ CH_2C-O \\ \parallel \\ O \end{array}$$

式中,M 代表重金属离子。

离子的选择性除与其本身及树脂有关外,还与温度、浓度及 pH 值等因素有关。

（2）含水量

含水量指水中充分溶胀的湿树脂所含溶胀水的质量占湿树脂质量的百分数。含水量主要取决于树脂的交联度、活性基团的类型和数量等,一般在 50% 左右。

（3）密度

树脂密度是设计交换柱、确定反冲洗强度的重要指标,也是影响树脂分层的主要因素。

①湿真密度。指树脂在水中充分溶解后的质量与真体积（不包括颗粒孔隙体积）之比,一般为 $1.04 \sim 1.30 g/mL$。通常阳离子交换树脂的湿润真密度比阴离子交换树脂的大,强型的比弱型的大。

②湿视密度。指树脂在水中溶解后的质量与堆积体积之比,该值一般为 $0.60 \sim 0.85 g/mL$。

③干真密度。表示树脂在干燥情况下的真实密度,一般用 g/mL 表示。

（4）离子交换容量

离子交换容量定量地表示了树脂的交换能力。可以用质量法和容量法来表示。质量法是指单位质量的干树脂中离子交换基团的数量,用 E_w（mmol/g 或 mol/g）来表示,容积法是指单位体积的湿树脂中离子交换基团的数量,用 E_v（mol/L 湿树脂或 mol/m³ 湿树脂）表示。二者之间关系为

$$E_V = E_W(1-含水率)×湿视密度$$

由于树脂一般在湿态下使用,因此常用的是容积法。离子交换容量有以下几种。

①全交换容量。是指树脂交换基团中所有可交换离子全部被交换的交换容量,也即离子交换树脂中能够起交换作用的活性基团的总数。其数值一般用滴定法测定。

②工作交换容量。是指在动态工作条件下的交换容量。由于运行条件不同,测得的工作交换容量也就不同。

③有效交换容量。是指工作交换容量减去因正、反洗损失的交换容量。

(5)溶胀性

溶胀性指干树脂浸入水中,由于活性基团的水合作用使交联网孔增大,体积膨胀的现象。溶胀程度用溶胀度来表示。树脂的交联度越小,活性基团越多,越易离解,其溶胀率越大。水中电解质浓度越高,由于渗透压增大,其溶胀率越小。一般情况下强酸性阳离子交换树脂由钠型转变为氢型,强碱性阴离子交换树脂由氯型转变为氢氧型时,其体积溶胀率均为5%左右。

(6)耐热性

各种树脂都有一定的工作温度范围,操作温度过高,容易使活性基团分解,从而影响交换容量和使用寿命。如温度低于0℃,树脂内水分冻结,使颗粒破裂。通常控制树脂的贮藏和使用温度在5℃~40℃。

(7)机械强度

树脂应有足够的机械强度来保持颗粒完整性,避免在使用中受到冲击、摩擦以及胀缩作用而发生损耗。树脂的机械强度取决于交联度和溶胀率。交联度越大,溶胀率越小,则机械强度越高。

(8)化学稳定性

污水中的氧、氯及硝酸等的氧化作用能使树脂网状结构改变,活性基团的数量和性质发生变化。防止树脂因氧化而化学降解的方法有:采用高交联度的树脂,在污水中加入适量的还原剂,使交换柱内的 pH 值保持在 6 左右。

除外，还有树脂的外观、粒度、黏度、在水中不溶性及离子交换反应的可逆性等。

例 2-4 已知苯乙烯型强酸性阳离子交换树脂的交联度为 8%（质量分数），树脂的含水率为 48%，湿视密度为 0.8g/mL，求该树脂的全交换容量和工作交换容量。

解：苯乙烯型的分子量为 184.6＝5.42mmol/g 干树脂，则其全交换容量为

$$E_t = 5.42 \times (1-0.08) = 4.98 \text{(mmol/g 干树脂)}$$

工作交换容量为

$$E_{op} = 4.98 \times (1-0.48) \times 0.8 = 2 \text{(mmol/mL 湿树脂)}$$

3. 离子交换树脂的选择、保存、使用和鉴别

选择树脂时应综合考虑水质、要求、工艺以及费用等因素。当分离无机阳离子或有机碱性物质时，宜选用阳离子交换树脂；当分离无机阴离子或有机酸时，宜采用阴离子交换树脂。对氨基酸等两性物质的分离，既可用阳离子交换树脂，也可用阴离子交换树脂。对某些贵金属和有毒金属离子（如 Hg^{2+}），可选择螯合树脂。对有机物宜用低交联度的大孔树脂处理。绝大多数脱盐系统都采用强型树脂。

污水处理时，对交换势大的离子，宜采用弱性树脂。此时弱性树脂的交换能力强，再生容易，运行费用低。当污水中含有多种离子时，可利用交换选择性进行多级回收，如不需回收时，可用阳阴树脂混合床处理。

树脂宜在 0~40℃下存放，当环境温度低于 0℃，或发现树脂脱水后，应向包装袋内加入饱和食盐水浸泡。对长期停止运行而闲置在交换器中的树脂应定期换水。

通常强性树脂以盐型保存，弱酸树脂以氢型保存，弱碱树脂以游离胺型保存，性能最稳定。

树脂在使用前应进行适当的预处理，以除去杂质。最好分别用水、5%HCl、2%~4%NaOH 反复浸泡清洗两次，每次 4~8h。

　　树脂在使用过程中,其性能会逐步降低,主要原因有物理破损和流失、活性基团的化学分解、无机和有机物覆盖树脂表面等。相应的对策有定期补充新树脂,用酸、碱和有机溶剂等洗脱树脂表面的垢和污染物,去除原水中的游离氯和悬浮物,强化预处理。

　　水处理中常用的四大类树脂往往不能从外观鉴别。根据其化学性能,可用表 2-12 所列方法区分。

表 2-12　未知树脂的鉴别

操作①	取未知树脂样品 2mL,置于 30mL 试管中			
操作②	加 1mol・L^{-1} HCl15mL,振荡 1～2min,重复 2～3 次			
操作③	水洗 2～3 次			
操作④	加 10% $CuSO_4$(其中含 1% H_2SO_4)5mL,振荡 1min,放 5min			
检查	浅绿色		不变色	
操作⑤	加 5mol・L^{-1} 氨液 2mL,振荡 1min,水洗		加 1mol・L^{-1} NaOH 5mL,振荡 1min,水洗,加酚酞,水洗	
检查	深蓝	颜色不变	红色	不变色
结果	强酸性阳树脂	弱酸性阳树脂	强碱性阴树脂	弱碱性阴树脂

(二)离子交换平衡

　　离子交换的本质是发生离子交换反应,其反应一般都是可逆的,可用平衡方程式表示如下。

$$R^-A^+ + B^+ = R^-B^+ + A^+ \tag{2-11}$$

$$(R') + C^- + D^- = (R') + D^- + C^- \tag{2-12}$$

式中,R^-、$(R')^+$ 为树脂母体;A^+、C^- 为树脂上可被交换的离子;B^+、D^- 为溶液中的交换离子。

　　方程式中(2-11)为阳离子交换反应,阳离子交换树脂原来被阳离子 A^+ 所饱和,当它与含有 B^+ 的溶液接触时,就会发生溶液中 B^+ 对树脂上 A^+ 进行交换。但反应也可以逆向进行,变成溶液中 A^+ 对树脂上 B^+ 进行交换的反应。方程式(2-12)为阴离子交换反应。

在离子交换反应中,反应进行的方向取决于离子交换树脂对各种离子的相对亲和力,即离子交换势的差别。一定的离子交换反应能否向希望的方向进行,可通过选择性系数 K_S 来判断。

$$K_S = \frac{[RB][A]}{[RA][B]}$$

式中,$[RA]$、$[RB]$ 为树脂中 A^+、B^+ 的浓度;$[A]$,$[B]$ 为溶液中 A^+、B^+ 的浓度。

如果离子浓度用物质的量浓度来表示,则选择性系数即为交换离子对在两相中物质的量浓度乘积的比率。当 $K_S > 1$ 时,B^+ 的交换势大于 A^+ 的交换势,反应易于从左向右进行。K_S 值越大的离子,越易进行交换。

当离子交换树脂的吸附达到规定的饱和度时,通入某种高浓度电解质溶液,将被吸附的离子交换下来,使树脂得到再生。

污水水质对离子交换树脂交换能力有影响,如污水中的悬浮物、有机物、高价金属离子、pH 值、水温及氧化剂。例如,污水中杂质存在的状态,有的与 pH 值有关。例如含铬污水中,$Cr_2O_7^{2-}$ 与 CrO_4^{2-} 两种离子的比例与 pH 值有关。用阴离子树脂去除污水中六价铬,其交换能力在酸性条件下比在碱性条件下要高,因为同样交换一个二价阴离子 $Cr_2O_7^{2-}$ 比 CrO_4^{2-} 多一个铬。再如,国产 732# 阳离子交换树脂允许使用温度小于 110℃,而 717# 阴离子交换树脂使用温度小于 60℃。另外,用离子交换树脂处理高浓度电解污水时,因为渗透压的作用也会使树脂发生破碎现象,所以处理这种污水一般选用交联度大的树脂。

(三)离子交换的工艺过程

1. 离子交换法与设备

(1)柱式交换法

国内应用最为广泛的为固定床离子交换柱,树脂在交换柱内不移动,污水通过一定高度的树脂进行交换,在一根柱内的交换相当于多次或无数次静交换。当树脂失去交换能力以后,需进行反洗和再生。柱式交换法的操作步骤如图 2-43 所示。

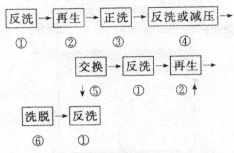

图 2-43　柱式交换法的操作步骤

图 2-43 中，①起除微粒及疏松树脂层的作用，③清洗树脂颗粒表面及内部的再生剂；④将未再生完全的树脂赶出柱底，使未再生完全的树脂远离柱底；⑥应用于回收操作。

离子交换柱的装置类型有以下几种情况，见图 2-44。

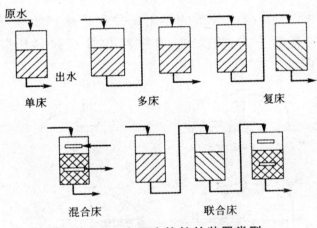

图 2-44　离子交换柱的装置类型

固定床离子交换器包括筒体、进水装置、排水装置、再生液分布装置及体外有关管道和阀门，如图 2-45 所示。

①筒体。固定床一般是一立式圆柱形压力容器，多由金属制成，内壁需配如衬胶等防腐材料。小直径的交换器也可以用塑料或有机玻璃制造。筒体上的附件有进出水管、排气管、树脂装卸口、视镜、人孔等，应根据工艺操作需要进行布置。

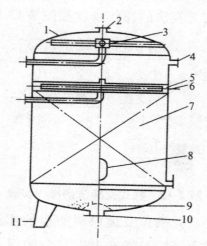

1—壳体;2—排气管;3—上布水装置;4—交换剂装卸口;5—压脂层;

6—中排液管;7—离子交换层;8—视镜;9—下布水装置;10—出水管;11—底脚

图 2-45　逆流再生固定床的结构

②进水装置。进水装置的作用是分配进水和收集反洗排水。常用的形式有漏斗式、喷头式、十字穿孔管式和多孔板水帽式。如图 2-46 所示。

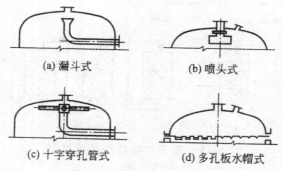

(a) 漏斗式　　　　　　(b) 喷头式

(c) 十字穿孔管式　　　　(d) 多孔板水帽式

图 2-46　常用进水装置

漏斗式结构简单,制作方便,适用于小型交换器。漏斗的角度一般为 60°或 90°,漏斗的顶部距交换器的上封头约 200mm,漏斗口直径为进水管的 1.5～3 倍。安装时要防止倾斜,操作时要防止反洗流失树脂。喷头式结构有开孔式外包滤网和开细缝隙两种形式。进水管内流速为 1.5m/s,缝隙或小孔流速取

$1\sim1.5$m/s。十字管式，管上开有小孔或缝隙，布水较前两种均匀，设计选用的流速与喷头式相同。多孔板水帽式，布水均匀性最佳，但结构复杂，有多种帽型，一般适用于小型交换器。

③底部排水装置。底部排水装置的作用是收集出水和分配反洗水。要求保证水流分布均匀和不漏树脂。常用的有多孔板排水帽式和石英砂垫层式两种。前者均匀性好，但结构复杂，一般用于中小型交换器。后者要求石英砂中 SiO_2 含量在 99% 以上，使用前用 $10\%\sim20\%$ HCl 浸泡 $12\sim14$h，以免在运行中释放杂质。砂的级配和层高根据交换器直径有一定要求，达到既能均匀集水，也不会在反洗时浮动的目的。在砂层和排水口间设穹形穿孔支承板。

在较大内径的顺流再生固定床中，树脂层面以上 $150\sim200$mm 处设有再生液分布装置，常用的有辐射形、圆环形、母管支管形等几种。对于小直径固定床，再生液通过上部进水装置分布，不另设再生液分布装置。

在逆流再生固定床中，再生液自底部排水装置进入，不需设再生液分布装置，但需在树脂层面设一个排液装置，用来排入再生液。在小反洗时，兼作反洗水进水分配管。中排装置的设计应保证再生液分配均匀，树脂层不扰动，不流失。常用的排液装置有母管支管式和支管式两种。前者适用于大中型交换器，后者适用于直径小于 600mm 的固定床，支管 $1\sim3$ 根。上述两种支管上有细缝或开孔外包滤网。

（2）连续式交换法

它的特点是交换、再生、清洗等操作在装置的不同部位同时进行，耗竭的树脂连续进入再生柱，再生后的树脂同时又连续进入交换柱。该法进行交换所需树脂量比柱式少，树脂利用率高，连续运行，效率高，但设备复杂，树脂磨损大。连续式交换法使用的设备有移动床和流动床。

2. 离子交换树脂的再生

在树脂失效后，必须进行再生才能再使用。通过树脂的再生,一方面可恢复树脂的交换能力,另一方面可回收有用的物质。

固定床的再生方式主要有顺流和逆流两种。再生剂流向与交换时水流方向相同的为顺流再生,反之为逆流再生。

再生操作包括反洗、再生和正洗三个过程。反洗是逆向通入冲洗水和空气,以松动树脂层,清洗树脂层内的杂物、碎粒和气泡的目的。反洗用原水,反洗流速15m/h,时间约15min。反洗使树脂层膨胀40%~60%。经反洗后,即可进行再生。再生剂以一定流速流经树脂层进行再生。再生液流速以4~8m/h为宜,再生时间一般不少于30min。混合床再生前必须使树脂先分层,通常用水力反洗分层法,即借助于水力使树脂悬浮,利用阴阳离子交换树脂的密度及膨胀率不同,因而沉降速度不同而达到分层的目的。由于阳离子交换树脂的密度总比阴离子交换树脂大,因此上层总是阴离子交换树脂,下层总是阳离子交换树脂,并有明显的分界面。分层后自上部注入再生液经阴离子交换树脂流出,下部注入再生液经阳离子交换树脂层流出,各自获得再生,如图2-47所示。

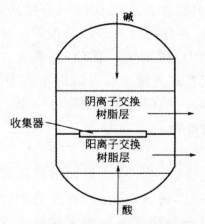

图 2-47　混合床离子交换树脂塔的再生

显然再生后还必须进行正洗,正洗时水流方向与交换时水流方向相同,以洗去树脂中残余再生剂及再生反应物。有时再生后还需要对树脂作转型处理。

下述因素对再生效果和处理费用有很大影响。

（1）再生剂的种类

对于不同性质的污水和不同类型的离子交换树脂,所采用的再生剂是不同的。通常用于阳离子交换树脂的再生剂有 HCl、H_2SO_4 等;用于阴离子交换树脂的再生剂有 NaOH、Na_2CO_3、$NaHCO_3$ 等。具体地说,强酸性阳离子交换树脂可用 HCl 或 H_2SO_4 等强酸以及 NaCl、Na_2SO_4 进行再生;弱酸性阳离子交换树脂可用 HCl、H_2SO_4 等进行再生;强碱性阴离子交换树脂可用 NaOH 等强碱及 NaCl 进行再生;弱碱性阴离子交换树脂可用 NaOH、Na_2CO_3、$NaHCO_3$ 等进行再生。随处理工艺、再生效果、经济性及再生剂的供应情况来选择不同的再生剂。

（2）再生剂用量

尽可能减少再生剂用量,既可降低再生费用,又便于回收处理再生废液,因此应采用较高浓度的再生剂。但再生剂浓度过高,会缩短再生液与树脂的接触时间,反而会降低再生效率,因此存在最佳浓度度值。如用 NaCl 再生 Na 型树脂,最佳盐浓度一般在 10% 左右。一般顺流再生时,酸浓度以 3%～4%,碱液浓度 2%～3% 较佳。

3. 连续式离子交换器的工作过程

固定床离子交换器内树脂不能边饱和边再生,因为树脂层厚度比交换区大得多,故树脂和容器利用率都很低;树脂层的交换能力使用不当,上层的饱和程度高,下层低,而且生产不连续,再生和冲洗时必须停止交换。为了克服上述缺陷,发展了连续离子交换设备,包括移动床和流动床。

图 2-48 为三塔式移动床系统,由交换塔、再生塔和清洗塔组成。运行时,原水由交换塔下部配水系统流入塔中,向上快速流动,把整个树脂层承托起来并与之进行离子交换。经过一段时间以后,当出水离子开始穿透时,立即停止进水,并由塔下排水。排水时树脂层下降,由塔底排出部分已经饱和的树脂,同时球阀自动打开,放入等量已再生好的树脂。注意避免塔内树脂混层。每次落床时间（约 2min）。随后又重新进水,托起树脂层,关闭球阀。

失效树脂由水流输送至再生塔。再生塔的结构及运行与交换塔大体相同。

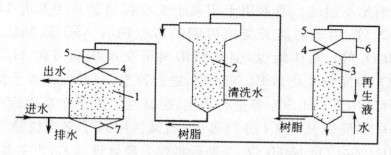

1—交换塔；2—清洗塔；3—再生塔；4—浮球阀；

5—贮树脂斗；6—连通管；7—排出树脂部分

图 2-48　二塔式移动床

在工业用水处理中，离子交换法占有极其重要的地位，用来制取软水或纯水。在污水处理中，主要用于回收和除去污水中的金、银、铜、镉、铬、锌等重金属离子，也用于放射性废水和有机废水的处理。

（四）离子交换法在污水处理中的应用

（1）含铬废水的处理

以电镀含铬废水处理为例，电镀含铬废水中主要含有以 $Cr_2O_7^{2-}$ 和 $Cr_2O_4^{2-}$ 形态存在的六价铬以及少量的 Cr^{3+}、Cu^{2+}、Zn^{2+}、Ni^{2+} 等离子。离子交换法处理含铬废水多采用复床式工艺流程，如图 2-49 所示。

电镀含铬废水经预处理后，先用 1 号柱中的 H 型阳离子交换树脂去除 Cr^{3+}、Cu^{2+}、Zn^{2+}、Ni^{2+} 等阳离子三价铬离子，出水呈酸性，当 pH 值下降到 6 以下时，废水中的六价铬大部分以 $Cr_2O_7^{2-}$ 形式存在。此此时 1 号柱出水进入阴离子交换柱，废水中的六价铬被阴离子交换树脂去除。其交换反应，以强酸性阳离子交换树脂 RH 和强碱性阴离子交换树脂 ROH 为例。

阳离子的交换反应为：

$$nRH + M^{n+} \Longleftrightarrow R_nM + nH^+ \quad (M^{n+} = Cr^{3+}、Cu^{2+}、Zn^{2+}、Ni^{2+})$$

六价铬的交换反应为：

$$2ROH + Cr_2O_7^{2-} \Longrightarrow R_2Cr_2O_7 + 2OH^-$$

$$2ROH + CrO_4^{2-} \Longrightarrow R_2CrO_4 + 2OH^-$$

当出水中六价铬达到规定浓度时，阴离子树脂带有的 OH^- 基本上被废水中的 $Cr_2O_7^{2-}$、$Cr_2O_4^{2-}$ 等阴离子所取代。

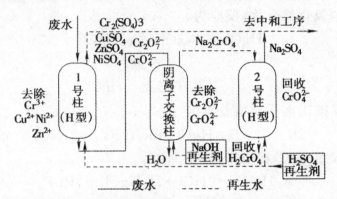

图 2-49 电镀废水的离子交换处理工艺流程

经 1 号阳柱和阴离子交换柱后，废水中的金属阳离子和六价铬等阴离子转到树脂上，树脂上的 H^+ 和 OH^- 被置换下来结合成水，因此，可得到纯度较高的水。

1 号阳柱树脂失效后可用一定浓度的硫酸溶液进行再生，其交换反应为：

$$2R_3Cr + 3H_2SO_4 \Longrightarrow 6RH + Cr_2(SO_4)_3$$

$$R_nM + H_2SO_4 \Longrightarrow nRH + MSO_4 \quad (M = Cu^{2+}、Zn^{2+}、Ni^{2+})$$

阴柱树脂失效后，用一定浓度的 NaOH 进行再生，得到 Na_2CrO_4 再生洗脱液，反应如下：

$$R_1Cr_2O_7 + 4NaOH \Longrightarrow 2ROH + 2Na_2CrO_4 + H_2O$$

为了收回铬酐，阴树脂的洗脱液再经 2 号阳柱内的 H 型阳离子交换树脂脱钠，即可得到铬酸，反应如下：

$$4RH + 2Na_2CrO_4 \Longrightarrow 4RNa + H_2CrO_4 + H_2O$$

电镀含铬废水的 pH 值一般小于 6，含有强氧化剂 $H_2Cr_2O_7$ 和 H_2CrO_4，因此应选择具有较高抗氧化能力和高机械强度的阴、阳树脂。此外，交换柱、阀门、管道、泵等都应选择耐腐蚀材料的产品。[①]

（2）含汞废水的处理

以汞法电解食盐生产烧碱工艺，盐水精制过程中汞转入污泥中，必须要处理含汞污泥，处理过程为：

①污泥先用 HCl 溶解，Hg 呈 $HgCl_2$ 形式，继续和 NaCl 溶液形成汞的氯化络合物，反应为：

$$HgCl_2 + 2NaCl \rightarrow Na_2HgCl_4$$

或

离子形式　$HgCl_4^{2-}$

②强碱阴离子交换及再生

$$2R-Cl + Na_2HgCl_4 \rightarrow R_2HgCl_4 + 2NaCl$$

出水中 NaCl 得以浓缩，供回用。

$$R_2HgCl_4 + 2HCl \rightarrow H_2HgCl_4 + 2RCl$$

再生液中以 R_2HgCl_4 和 HCl 混合液为主，送入电解槽。Hg^{2+} 在电解时还原为金属汞回收之。

经研究，要求原水中 NaCl 的浓度 $<50g/L$，强碱性离子交换树脂 $HgCl_4^{2-}$ 离子交换能力强。溶液的 pH 值对交换容量也有较大的影响，要求 $pH>2$。

某厂已用此工艺流程处理含 Hg^{2+} 浓度为 3mg/L，Cl^- 浓度为 $10\sim15g/L$，$pH>2$ 的废水溶液 50t/d，出水中含 Hg^{2+} 浓度达 0.02mg/L，汞回收量为每升树脂 $30\sim40g$，效果很好。

对有机汞废水的处理，已有文献报道，用螯合树脂处理醋酸甲基汞废水取得很好的效果。

（3）含锌废水的处理

某厂纺丝车间酸性废水中含 $ZnSO_4$ 浓度为 500mg/L，H_2SO_4 浓度为 50000mg/L，Na_2SO_4 浓度为 13000mg/L，处理量为 $1120m^3/d$，采用强酸钠型树脂进行交换。

---

① 王有志.水污染控制技术.北京:中国劳动社会保障出版社,2010: 281－287

$$2SO_3Na + ZnSO_4 \rightarrow (RSO_3)_2Zn + Na_2SO_4$$

交换出水中的 H_2SO_4 和 Na_2SO_4 混合液,可用作水软化时磺化煤的再生液。

交换后树脂的再生和 $ZnSO_4$ 的利用:

$$R(SO_3)_2Zn + Na_2SO_4 \rightarrow 2RSO_3Na + ZnSO_4$$

所得 $ZnSO_4$ 溶液,直接回用于纺丝车间工艺中。

(4)镀金废水中金的回收

在镀金废水中,金以 $Au(CN)_2^-$ 的络阴离子形式存在,则用强碱阴离子交换树脂交换之:

$$K^+ + RCH_2N(CH_3)_3Cl^- + Au(CN)_2^- \rightarrow$$
$$RCH_2N(CH_3)_3Au(CN)_2^- + KCl$$

由于 $Au(CN)_2^-$ 络阴离子的交换能力强,再生比较困难。考虑到黄金价格较高,树脂的代价相对只占一小部分,因此开始阶段曾用焚烧过程烧去树脂来回收黄金,后经研究采用丙酮—HCl—水溶液洗脱过程,获得成功,洗脱率达 95% 以上。树脂可循环使用,因此树脂的再生为如下过程:

$$RCH_2N^+(CH_3)_3Au(CN)_2^- + 2HCl \rightarrow$$
$$RCH_2N^+(CH_3)_3Cl^- + AuCl + 2HCN$$

由于 HCN 有毒,用丙酮破坏之:

且生成的 AuCl 可溶于丙酮而不溶于水,因此可用丙酮将 AuCl 从树脂相转入有机相。然后用简单蒸馏过程回收丙酮后 AuCl 即沉淀析出,AuCl 滤饼烘干后在 500℃ 左右焙烧,则反应如下:

$$2AuCl \xrightarrow{500℃} 2Au + Cl_2 \uparrow$$

所得金的纯度达 99.5%。如再用王水溶解,用维生素 C 或 SO_2 还原提纯,则金的纯度可达 99.9%。

洗脱液中加少量水是为了防止丙酮在浓盐酸作用下发生脱

水缩合副反应。

强碱树脂的离子交换和丙酮—HCl—水溶液的洗脱再生来处理回收贵金属是 20 世纪 80 年代初研究成功得以推广应用的处理过程,回收率高,成本也降低很多,已广泛采用。

离子交换过程处理其他工业废水的例子见表 2-13。[①]

表 2-13　离子交换过程的应用

废水种类	污染物	树脂类型	废水出路	再生剂	再生液出路
HCl 酸洗废水	Fe^{2+}、Fe^{3+}	氯型强碱性树脂	循环使用	水	中和后回收 $Fe(OH)_3$
铜氨纤维废水	Cu^{2+}	强酸性树脂	排放	H_2SO_4	回用
黏胶纤维废水	Zn^{2+}	强酸性树脂	中和后排放	H_2SO_4	回用
放射性废水	放射性离子	强酸或强碱树脂	排放	$H_2SO_4 \cdot HCl$ 和 NaOH	进一步处理
纸浆废水	木质素磺酸钠	强酸性树脂	进一步处理	H_2SO_3	回用
氯苯酚废水	氯苯酚	弱碱大孔树脂	排放	2%NaOH 甲醇	回收

例 2-5　某一电镀厂废水排放量为 $182.4m^3/d$,假设阴床和阳床一个周期运行时间为 6d,每天运行 16h。总的排放水水质有以下特征:

铜浓度　22mg/L(以 Cu 计)　镍浓度　15mg/L(以 Ni 计)

锌浓度　10mg/L(以 Zn 计)　铬浓度　130mg/L(以 CrO_3 计)

试设计一离子交换系统来处理此废水,去除其中的阴阳离子后,回收纯水,并且要求将有价值的铬酸盐 CrO_4^{2-} 以铬酸(H_2CrO_4)形式回收再用。相关设计参数如表 2-14 所示。

表 2-14　相关设计参数

项　　目	交　换　柱	
	阳离子交换树脂	阴离子交换树脂
再生剂	H_2SO_4	NaOH
再生剂用量(以 100％计)	192kg/m³	76.8kg/m³
再生剂浓度	5％	10％
工作交换容量	1510mol(H^+)/m³	60.8kg(CrO_3)/m³

解：①阴离子交换柱的设计计算。在阴离子交换柱中，每天被 OH^- 交换去除的总铬量(以 CrO_3 计)为

$$130mg/L \times 182.4m^3/d = 23712kg/d$$

每周期运行 6d，阴树脂工作交换容量为 60.8kg/m³，则每周期阴树脂总需要量为

$$\frac{23.7}{60.8} \times 6 = 2.34m^3/周期$$

选择一个直径为 0.9m 的交换柱，并计算出树脂床层所需深度 h 为

$$h = \frac{2.34}{\frac{\pi}{4} \times 0.9^2} = 3.68m$$

考虑到反冲洗与清洗期间交换床的膨胀，附加 50％的自由空向，则所需的柱高为

$$h' = 3.68 \times 1.50 = 5.52m$$

所以，可用 2 个柱串联起来，每柱高为 5.52/2＝2.76m，每柱树脂床层深为 3.68/2＝1.84m。

阴床再生剂用量为 76.8kg/m³，则所需 100％NaOH 量为

$$76.8 \times 2.34 = 179.7kg/周期$$

10％NaOH 密度 1150kg/m³，每天配制一次，则

$$10％NaOH 储槽体积 = \frac{179.7}{6} \times \frac{1}{0.1} \times \frac{1}{1150} = 0.26m^3$$

②阳离子交换柱的设计计算。计算要去除的阳离子

$$Zn^{2+} \quad \frac{10}{65.4} = 0.153mmol/L$$

$$Cu^{2+} \quad \frac{22}{63.5} = 0.346mmol/L$$

$$Ni^{2+} \quad \frac{15}{58.7} = 0.256mmol/L$$

确定每天要去除的阳离子总量

$$(0.153+0.346+0.256) \times 182.4 = 137.7mol/d$$

在阳离子交换柱上，Zn^{2+}、Cu^{2+} 和 Ni^{2+} 被 H^+ 交换。由化学计量关系可知，2 个氢离子才能交换 1 个二价金属离子，阳树脂工作交换容量为 $1510mol(H^+)/m^3$，则每周期（6d）所需的阳树脂量为：

$$\frac{137.7}{\frac{1510}{2}} \times 6 = 1.1m^3/周期$$

选择一个直径为 0.6m 的交换柱，并计算出树脂床层所需深度 h 为

$$h = \frac{1.1}{\frac{\pi}{4} \times 0.6^2} = 3.89m$$

考虑到反冲洗与清洗期间交换床的膨胀，附加 50% 的自由空间，则所需的柱高为

$$h' = 3.89 \times 1.5 = 5.8m$$

所以，可用 2 个柱串联起来，每柱高为 5.8/2=2.9m，每柱树脂床层深为 3.89/2=1.94m。

阳床再生剂用量为 $192kg/m^3$，则所需 $100\% H_2SO_4$ 量为

$$192 \times 1.1 = 211.2kg/周期$$

$5\% H_2SO_4$ 的密度为 $1038kg/m^3$，每天配制一次，则

$$5\% H_2SO_4 \text{ 储槽体积} = \frac{211.2}{6} \times \frac{1}{0.05} \times \frac{1}{1038} = 0.68m^3$$

③回收铬酸的阳离子交换器的设计计算。为了回收有价值的铬酸 H_2CrO_4，可把再生阴树脂得到的再生洗脱液，通过 H 型

阳树脂进行脱钠,即可得到铬酸。阴树脂再生洗脱液中 Na^+ 的量等于阴树脂再生时消耗的 NaOH 溶液中钠离子的量。由上述计算知,阴树脂再生时消耗 100%NaOH 量为 179.7kg/周期,即

$$\frac{179.7 \times 10^3}{40} = 4492.5 \text{mol}$$

因此,回收铬酸时需要的 H 型阳树脂体积为

$$V = \frac{4492.5}{1510} = 2.98 \text{m}^3$$

同样,选择一个 0.9m 直径的交换柱,并计算树脂床所需深度 h 为

$$h = \frac{2.98}{\frac{\pi}{4} \times 0.9^2} = 4.7 \text{m}$$

考虑到树脂床的反冲洗膨胀,附加 50% 的自由空间,则所需的柱高为

$$h' = 4.7 \times 1.50 = 7.05 \text{m}$$

拟用 2 个柱串联起来,每柱高为 7.05/2=3.53m,每柱树脂床层深为 4.7/2=2.35m。

同样,对于本阳床的再生剂也是采用 $5\%$$H_2SO_4$ 再生,则再生剂量为

$$192 \times 2.98 = 572.2 \text{kg/周期}$$

再生剂储槽体积为

$$\frac{572.2}{6} \times \frac{1}{0.05} \times \frac{1}{1038} = 1.84 \text{m}^3$$

工程上,再生剂 $5\%$$H_2SO_4$ 只需采用一个储槽即可,其体积应为

$$0.68 + 1.84 = 2.52 \text{m}^3$$

三、浮选

浮选又称气浮,它是从液体中除去低密度固体物质或液体颗粒的一种方法。浮选是通过空气鼓入水中产生的微小气泡与水中的悬浮物黏附在一起;靠气泡的浮力一起上浮到水面而实现固

液或液液分离的操作。在进行浮选操作时,有时还需随水质不同同时加入相应的浮选剂或混凝剂。

(1)浮选的应用

在污水处理领域,浮选广泛应用于:浓缩从活性污泥处理法中排出的污泥;浓缩化学混凝处理产生的絮状化学污泥;回收含油污水中的悬浮油及乳化油;回收工业废水中的有用物质,如造纸厂污水中的纸浆纤维等。

(2)浮选法特点

浮选法特点如下:

①浮选池的表面负荷可达到 $12m^3/(m^2 \cdot h)$,水在浮选池中停留时间 $10\sim20min$,而且池深 2m 左右,因而占地少,节省基建投资。

②浮选池具有预曝气作用,出水和浮渣中都含有一定量的氧,有利于后续处理或再用,泥渣不易腐化。

③对低浊度含藻水浮选法处理效率较高,出水水质好。

④浮渣含水率一般在 96% 以下。

⑤可以回收利用有用物质。但浮选法电耗较高,浮渣怕较大的风雨袭击,目前使用的溶气水减压释放器易堵塞。

(一)浮选原理

浮选过程包括微小气泡的产生、微小气泡与固体或液体颗粒的黏附以及上浮分离等步骤。实现浮选分离必须满足两个条件:一是必须向水中提供足够数量的微小气泡;二是必须使分离的物质呈悬浮状态或疏水性,从而黏附于气泡而上浮达到分离。

微小气泡主要通过分散空气、溶解空气再释放及电解三种方式产生。

微小气泡与悬浮颗粒之间的接触吸附机理有两种情况。一种是絮凝体内裹带微细气泡,絮凝体越大,越能阻留气泡。当水中乳化油带负电较强,形成稳定的乳化油时,一般需加入混凝剂,以压缩油粒的双电层,使油粒容易与气泡吸附在一起。另一种是气泡与颗粒之间的吸附,这种吸附力由两相之间的界面张力引起。图 2-50 为气一液一固三相体系。

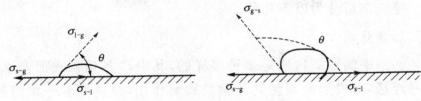

图 2-50 气一液一固三相体系

在三相交点处,有固一液界面张力 σ_{s-l}、气一液界面张力 σ_{g-l}、气一固界面张力口 σ_{g-s}。三相接触点上,气液界面与固液界面的夹角 θ 为接触角(以对着水的角为准),$\theta>90°$者为疏水性物质,$\theta<90°$者为亲水性物质。在三相接触点上,三个界面张力总是处于平衡状态,即

$$\sigma_{g-s}=\sigma_{s-l}+\sigma_{g-l}\cos\theta \qquad (2-13)$$

由式(2-13)可以看出:①当 $\theta=0$ 时,则固体表面完全被润湿,固体颗粒与气泡相黏附,不能用浮选法处理;②当 $\theta=180°$ 时,固体颗粒完全不被水润湿,最易用浮选法除去;③$0<\theta<90°$时,固体与气泡的吸附不牢固,容易在水流作用下脱附;④$\theta>90°$时,较容易吸附。

对于亲水性物质(如纸浆纤维、煤粒、重金属离子等),若采用浮选法分离,一般需加浮选剂以改变颗粒表面性质(即改变其接触角),使其表面转化成疏水性物质而与气泡吸附。常用的浮选剂有松香油、煤油产品、脂肪酸及其盐类等。有时还需投加一定量的表面活性剂作为起泡剂,使水中气泡形成稳定的微小气泡,产生的气泡越小,总表面积越大,吸附水中悬浮物的机会越多,对提高浮选效果有利。但表面活性剂不能超过限度,否则泡沫在水面上聚集过多,由于严重乳化,将显著降低浮选效果。不同性质的污水应通过试验选择合适的表面活性剂品种和投加量,也可参考矿山、冶炼工业浮选资料。

（二）浮选剂

浮选剂可分为以下几种。

1.捕收剂

污水中的污染物质是多种多样的,其中许多颗粒表面亲水,不易浮选,需投加药剂使其与颗粒表面作用,改善颗粒—水溶液界面、颗粒—空气界面自由能,提高可浮性,这种药剂称为捕收剂。常见的有硬脂酸、脂肪酸及其盐类、胺类等。

2.起泡剂

浮选过程浮起大量悬浮颗粒或絮体,需要大量的气－液界面,即大量气泡。因此起泡剂的作用是作用在气－液界面上,用以分散空气,形成稳定的气泡。但在一定程度上,由于起泡剂与捕收剂分子间的共吸附和相互作用,而加速颗粒在气泡上的附着。但起泡剂降低气—液界面自由能,也同时降低了可浮性指标,对浮选不利。因此,起泡剂的用量不可过多。

起泡剂大多是含亲水性和疏水性基团的表面活性剂。根据其成分可分为萜类化合物、重吡啶、脂肪醇类、合成洗涤剂等。

3.调整剂

为了提高浮选过程的选择性,加强捕收剂的作用并改善浮选条件,在浮选过程中常使用调整剂。调整剂包括抑制剂、活化剂和介质调整剂三大类。

（1）抑制剂

污水中存在着许多物质,它们并非都是有毒物质或都是值得回收的物质。因此,往往需要从污水中优先浮选出一种或几种有毒或值得回收的物质,这就需抑制其他物质的可浮性。这种能够降低物质可浮性的药剂称为抑制剂。其作用机理是降低颗粒—溶液和颗粒—气泡界面自由能,从而降低颗粒(絮凝体)的可浮性指标。作用形式主要是药剂与颗粒(絮凝体)的表面作用,形成难溶而亲水的化合物膜,或者从表面溶去捕收剂或其他疏水性活化膜。

（2）活化剂

为了达到排放标准规定的悬浮物指标，有时需进一步将上述这些被抑制的物质去除，这就需要投加一种药剂来消除原来的抑制作用，促进浮选的进行。其作用机理是从颗粒（絮凝体）表面溶去阻碍捕收剂的作用的抑制膜，或者通过交换或互换的化学反应在表面上形成活化膜，再就是活化剂离子的活化作用等。

（3）介质调整剂

介质调整剂的主要作用是调整污水的 pH 值。对浮选来说，pH 调整剂的主要作用是：①被浮颗粒（絮凝体）的成分决定 pH 值。污水中许多颗粒（絮凝体）以盐的形式存在，它们在水中可以部分水解生成 OH^- 或 H^+。②悬浮颗粒和胶粒化学混凝团聚要求相应的 pH 值。③各种浮选剂与颗粒（絮凝体）表面相互作用要求特定的 pH 值。药剂的离子（分子）的含量常常决定于水介质的 pH 值。

（三）浮选流程及设备

浮选流程根据气泡的产生可以分为布气浮选、溶气浮选、电解浮选和生物浮选。

1. 布气浮选

布气浮选是利用机械剪切力，将混合于水中的空气粉碎成小的气泡，以进行浮选的方法。按粉碎气泡方法的不同，布气浮选又可以分为水泵吸水管吸气浮选、射流浮选、叶轮扩散浮选以及曝气浮选。

（1）水泵吸水管吸气浮选

水泵吸水管吸气浮选是最原始也是最简单的一种浮选方法。该法的优点是设备简单，其缺点是由于水泵工作特性的限制，吸入空气量不能过多，一般不大于吸水量的 10%（按体积计），否则将破坏水泵吸水管负压工作。此外气泡在水泵内破碎不够完全，粒度大，因此浮选效果不好。这种方法用于处理通过除油池后的石油废水,除油效率一般在 50%～65%。

(2)射流浮选

射流浮选是采用以水带气的方式向污水中混入空气进行浮选的方法。射流器的构造如图 2-51 所示。由喷嘴射出的高速污水使吸入室形成负压,从吸气管吸入空气,在水气混合体进入喉管段后,空气被粉碎成微小气泡,然后进入扩散段,将动能转化为势能,进一步压缩气泡,增大了空气在水中的溶解度,最后进入浮选池中进行泥水分离,即浮选过程。

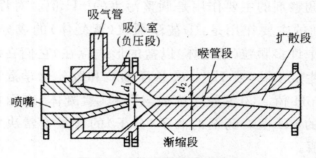

图 2-51　射流器构造示意图

有人通过实验确定,当射流器进口水压为 300～500kPa 时,喉管直径 d_2 与喷嘴直径 d_1 的最佳比值为 2.0～2.5。

(3)叶轮扩散浮选

叶轮扩散浮选的流程如图 2-52 所示。在浮选池底部设有旋转叶轮,其上部装有带孔眼的轮套,轮套中心有曝气管。当电动机带动叶轮旋转时,在曝气管中产生局部真空,空气和水即沿曝气管和孔底逸出时,悬浮的杂质或乳化油黏附于气泡周围,随之浮至水面形成泡沫,由不断缓慢转动的刮板机将其刮出池外。

电动机可设置在浮选池的顶部,也可以设在池底下面。前者叶轮轴较长,工作不稳定;后者则须把浮选池架空,构造复杂。

叶轮浮选设备所产生的气泡较大(约 1000gm),所需分离时间较短,故构筑物比较小,同时构筑物结构简单,管理容易,但运转费用较高,机械部分运转不稳定;因此,国内很少采用。

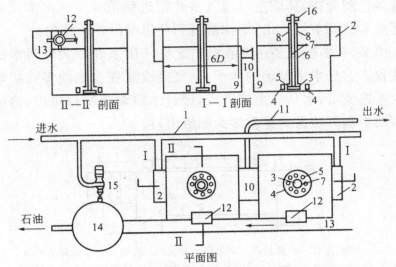

Ⅱ—Ⅱ 剖面　　　　Ⅰ—Ⅰ 剖面

进水　　　　　　　　　　　　　　　　　　　　出水

石油

平面图

1—进水管；2—进水室；3—叶轮；4—轮套；5—孔眼；6—曝气管；7—叶轮轴；
8—进气孔；9—出水孔；10—出水室；11—出水管；12—刮沫器；
13—泡沫收集槽；14—油水分离器；15—泵；16—电动机

图 2-52　叶轮扩散浮选流程

（4）曝气浮选

曝气浮选是用鼓风机将空气直接打入装在浮选池底部的充气器，使空气形成细小的气泡均匀地进入污水中进行浮选。充气器可用扩散板（如多孔瓷板）、微孔管（如陶瓷管、塑料管等）、穿孔管、帆布管（用帆布套在空气嘴上）等制成。

图 2-53 为处理污水量不大的浮上装置。污水沿圆筒的上部流下，筒的下部设置底板，在底板下用压缩机打入空气，在底板上

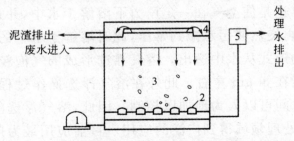

泥渣排出　　　　　　　　　　　　　　　　处理水排出
废水进入

1—压缩机；2—多孔扩散帽；3—浮上室；4—环形槽；5—水位调节器

图 2-53　处理污水量不大的浮上装置

设有多孔陶瓷帽,压缩空气通过多孔帽进到污水中。出水由筒的下部经水位调节器排出,泡沫渣进到环形槽沿管子排出。

图 2-54 是通过多孔扩散板扩散空气用来处理大量污水的浮选装置。它是水平流动的池子,空气经设置在池底的多孔扩散板进入浮选池,污水从池上部进入,通过水位调节闸板排出,泡沫浮渣借助于刮刀传送装置收集到泥渣出口。

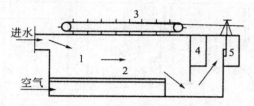

1—浮选池;2—扩散板;3—刮刀传送装置;4—泥渣;5—水位调节闸板

图 2-54　多孔扩散板上浮装置

各种曝气机适用范围见表 2-15。

表 2-15　各种曝气机适用范围

曝气机	列转盘曝气机	离心式潜水曝气机	推流式搅拌曝气机	深水曝气搅拌两用机
适用范围	用于污水处理厂氧化沟,其作用是向污水中充氧	用于污水处理厂曝气池、曝气沉砂池,生化处理或增氧	用于印染、化工、石油、制革、医药、污水处理	作为曝气搅拌装置,适用于深池和氧气转移的场合

2.溶气浮选

溶气浮选是使空气在一定压力下溶解于水中,并达到过饱和状态,然后再突然使污水减到常压,此时溶解于水中的空气,便以微小气泡的形式从水中逸出。溶气浮选形成的气泡粒度很小,其初粒度可能在 $80\mu m$ 左右。此外在溶气浮选操作过程中,气泡与污水接触时间可以人为地加以控制。因此,溶气浮选的净化效果好,在污水处理领域得到广泛的应用。目前应用最为广泛的是加压溶气浮选法。

炼油厂几乎都采用加压浮选方法来处理废水中的乳化油,并获得较好的处理效果。出水含油量可在 $10\sim25\text{mg/L}$ 以下。在加压情况下,将空气溶解在废水中达饱和状态,然后突然减至常压,这时溶解在水中的空气就成了过饱和状态,以极微小的气泡释放出来,乳化油或悬浮物就黏附于气泡周围而上浮。工艺流程有以下几种。

(1)全流程溶气浮选法

图 2-55、图 2-56 是将全部污水用水泵加压,在泵前或泵后注入空气。在溶气罐内,空气溶解于污水中,然后,通过减压阀将污水送入浮选池。污水中形成的许多小气泡黏附污水中的乳化油或悬浮物而逸出水面,在水面上形成浮渣。用刮板将浮渣连续排入浮渣槽,经浮渣管排出池外;处理后的污水通过溢流堰和出水管排出。

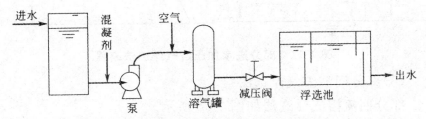

图 2-55　全部污水加压溶气浮选(泵后加气)

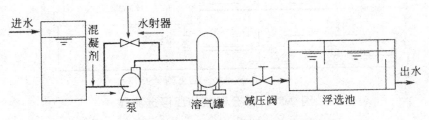

图 2-56　全部污水加压溶气浮选(泵前加气)

全流程溶气浮选法的优点是溶气量大,增加了油粒或悬浮颗粒与气泡的接触机会。在处理水量相同的条件下,较部分回流溶气浮选流程所需的浮选池小,从而减少了基建投资。但由于全部污水经过压力泵,所以增加了含油污水的乳化程度,而且所需的压力泵和溶气池均较其他两种流程大,故这方面的投资与动力消耗也较大。

（2）部分溶气浮选法

部分溶气浮选法如图 2-57 所示，它是取部分污水加压和溶气，其余污水直接进入浮选池并在浮选池中与溶气污水混合。其特点是较全流程溶气浮选法所需的压力泵小，故动力消耗少；压力泵所造成的乳化油量比全流程溶气浮选法低；浮选池的大小与全流程溶气浮选法相同，但较部分回流溶气浮选法小。

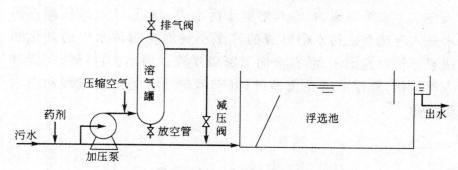

图 2-57　部分进水加压溶气浮选法流程

（3）部分回流溶气浮选法

部分回流溶气浮选法如图 2-58 所示。

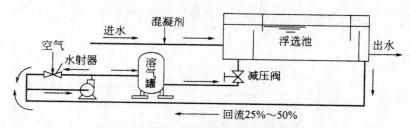

图 2-58　部分回流加压浮选流程

部分回流溶气浮选法是取一部分除油后出水回流进行加压和溶气，减压后直接进入浮选池，与来自絮凝池的含油污水混合和浮选；回流量一般为含油污水的 25％～50％。其优点为加压的水量少，动力消耗少；过程的进行不促进浮化；矾花形成好，后絮凝也少；浮选池的容积较前两种流程大。

从提高混凝效果、节省混凝剂用量和降低动力消耗方面来看，采用部分回流溶气浮选法处理污水效果最好，而部分溶气法效果最差。

(4)加压溶气浮选的主要设备

主要设备有加压泵、溶气罐和浮选池。溶气量、析出气泡的大小及均匀性与压力、温度、溶气时间、溶气罐及释放器构造等因素有关,空气在水中的溶解度符合亨利定律:

$$V = K_T p$$

式中,V 为空气在水中的溶解度,L/m^3;K_T 为亨利常数,$L/(m^3 \cdot mmHg)$,随温度而变。不同温度下 K_T 见表 2-16;p 为溶解空气的绝对压力,以 $mmHg$ 计。

表 2-16 不同温度下的 K_T 值

温度/℃	0	10	20	30	40	50
K_T	0.038	0.029	0.024	0.021	0.018	0.016

空气在水中的溶解速度与空气和水的混合接触程度、水中空气和水的混合接触程度、水中空气溶解的不饱和程度等因素有关。在静止的或缓慢流动的水流中,空气的溶解扩散过程相当缓慢。空气的溶解数量与加压时间的关系如图 2-59 所示。生产上溶气罐内停留时间一般采用 2~4min,水中空气含量约为饱和含量的 50%~60%。

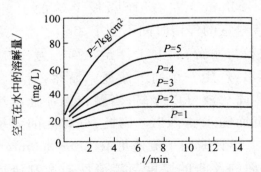

图 2-59 空气在水中的溶解数量与加压时间的关系(40℃)

溶气罐是一个密封的耐压钢罐,罐上有进氨管、排气管、进水管、出水管、放空管、液位计与压力表。空气与水在罐内混合、溶解。为了提高溶气量和速度,罐内常设若干隔板或填料。操作压力 0.3～0.5MPa。供气方式,可采用在水泵吸水管上吸入空气、在水泵压水管上设置射流器或采用空气压缩机供气。浮选池均为敞式水池,分平流式和竖流式两种。平流式浮选池构造如图2-60 所示。

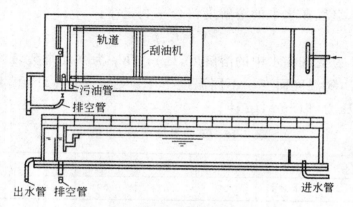

图 2-60　平流式浮选池

反应絮凝后的原水与载气充分混合后,均匀分布在浮选池的整个池宽上。为了防止进口区水流对颗粒上浮的干扰,在浮选池的前部均设置隔板,使已附着气泡的颗粒向表面浮升。隔板与水平面夹角 60°,板顶离水面约 0.3m。在隔板前面的部分称为接触区,在隔板后面的则称为分离区。在接触区隔板下端的水流上升流速一般可取 20mm/s 左右,而隔板上端的上升流速一般为5～10mm/s,接触室的停留时间不少于 2min。分离区的作用是使附着气泡的颗粒与水分离,并上浮至池面。另一方面,清水从分离区的底部排出,产生一个向下流速。显然,当颗粒上浮速度大于向下流速时,固一液可以分离;当颗粒上浮速度小于向下流速时,颗粒则下沉而随水流排出。因此,分离区的大小实际上受向下流速的控制。设计时向下流速可取 1.0～3.0mm/s。

浮集于水面的浮渣的厚度与浮渣性质和刮渣周期有关。有时浮渣厚度可达数十厘米,而有的则很薄,且很易破碎。一般都用机械方法刮渣。刮渣机的水平移动速度为 5m/min。采用逆水流方向刮渣可防止浮渣下沉。收集的浮渣如泡沫很多,可经加热处理消泡。

平流式浮选池的池深一般为 1.5～2.0m,不超过 2.5m,池深与池底之比大于 0.3m。浮选池的表面负荷通常取 5～10m³/(m²·h)。总停留时间为 30～40min。竖流式浮选池如图 2-61 所示。

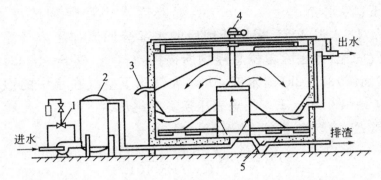

1—射流器;2—溶气罐;3—泡沫排出管;4—变速装置;5—沉渣斗

图 2-61 竖流式浮选池

池高度可取 4～5m,长宽或直径一般在 9～10m 以内。中央进水室、刮渣板和刮泥耙都安装在中心转轴上,依靠电机驱动以同样速度旋转。

具体采用何种浮选法,应结合污水的水质、水量及当地技术条件等各方面的因素综合考虑。

3. 电解浮选法

电解浮选法是对污水进行电解,这时在阴极产生大量的氢气泡,氢气泡的直径极小,仅有 20～100μm,它们起着浮选剂的作用。污水中的悬浮颗粒黏附在氢气泡上,随它上浮,从而达到净化污水的目的。与此同时,在阳极电离形成的氢氧化物起着混凝剂的作用,有助于污水中的污染物浮上或下沉。

4. 生物浮选法

将预沉池的污泥收集在浮选池中,在进口用蒸汽加热到 35～55℃,并将这种温度保持几天。这样,就可依靠微生物的增长和活动来产生气泡(主要是 CO_2),借助于这些气泡,可将污水中的污染物黏附并漂浮到水面上来。

(四)浮选池设计实例

某纺织印染厂采用混凝浮选法处理有机染色污水。设计资料如下:污水量 $Q = 1800\text{m}^3/\text{d}$,混凝后水中悬浮物浓度 $S_a = 700\text{mg/L}$,水温 40℃,采用处理后的水部分回流加压溶气浮选流程。气固比(即去除单位悬浮物所需的空气量)$G/S = 0.02$,溶气压力(表压)324.2kPa,水温 40℃,大气压下空气在水中的饱和溶解度 $C_a = 18.5\text{mg/L}$。注意表压换算为绝压。

解:①溶气水量 Q_R 的确定。

$$Q_R = G/S \frac{S_a Q \times 101.3}{C_a(fP - 101.3)}$$

式中,Q_R 为溶气水量,m^3/d;G/S 为气固比,一般在 0.02~0.06 之间;S_a 为污水中悬浮物浓度,mg/L;Q 为污水流量,m^3/d;f 为溶气效率,一般取 0.6~0.8;P 为溶气压力(绝压),kPa。

f 取为 0.6,因绝压=表压+大气压,$P = 324.2 + 101.3 = 425.5$,则

$$Q_R = 0.02 \times \frac{700 \times 1800 \times 101.3}{18.5 \times (0.6 \times 425.5 - 101.3)}$$
$$= 896(\text{m}^3/\text{d})$$

取回流水量900m^3/d,即 $Q_R = 0.5Q$。

②浮选池设计。采用浮选剂和污水接触混合时间 $T_2 = 5\text{min}$,浮选分离时间 $T_a = 38\text{min}$,则混合段的容积为

$$V_1 = \frac{(Q + Q_R)T_2}{24 \times 60} = \frac{(1800 + 900) \times 5}{24 \times 60} = 9.375(\text{m}^3)$$

浮选分离段的容积为

$$V_2 = \frac{(Q + Q_R)T_a}{24 \times 60} = \frac{(1800 + 900) \times 38}{24 \times 60} = 71.25(\text{m}^3)$$

浮选池的有效容积为

$$V = V_1 + V_2 = 9.375 + 71.25 = 80.625(\text{m}^3)$$

浮选池的上升流速 v 取 1.6mm/s,则分离面积为

$$F = \frac{Q + Q_R}{24 \times 3600 \times v} = \frac{1800 + 900}{24 \times 3600 \times 1.6 \times 10^{-3}} = 19.53(\text{m}^2)$$

取浮选池宽 $B=4\text{m}$，水深 $H=3.5\text{m}$，则池长 $L=\dfrac{V}{B \cdot H}=\dfrac{80.625}{4 \times 3.5}=5.76(\text{m})$，取 5.8m。

复核表面积为

$$B \cdot L = 4 \times 5.8 = 23.2(\text{m}^2) > F$$

设计的表面积可行。

四、萃取

污水萃取处理法是向污水中加入一种与水互不相溶但却是污染物的良好溶剂（即萃取剂），使其与污水充分混合，污水中的大部分污染物转移到萃取剂中。然后分离污水和萃取剂，即可使污水得到净化；再将萃取剂与其中的溶质（污染物）加以分离，使萃取剂再生，重新用于萃取工艺，分离的污染物得到回收。萃取后以萃取剂为主的称萃取相，残液则称萃余相。

萃取法目前仅适用于为数不多的几种有机废水和个别重金属废水的处理，主要原因是：含有共沸点或沸点非常接近的混合物的污水，这类污水难以用蒸馏或蒸发方法分离；含热敏性物质的污水在蒸馏或蒸发的高温条件下，易发生化学变化或易燃易爆；含难挥发性物质（如苯甲酸和多元酚）的污水用蒸发法处理需消耗大量的热能或需用高真空蒸馏；个别重金属废水，如含铀和钒的洗矿水和含铜的冶炼废水，可采用有机溶剂萃取。

（一）萃取原理

液液萃取是属于传质过程，它的主要作用是基于传质定律和分配定律。为了表达在一定温度条件下，污染物在平衡的两液相中的分配关系，将污染物在两个液相中的浓度之比，称为分配系数，即

$$K_A = \frac{\text{污染物在萃取相中的浓度}}{\text{污染物在萃余相中的浓度}} = \frac{C_s}{C_e}$$

式中，C_s 为溶质在萃取相中的浓度，kg/kg；C_e 为溶质在萃余相中的浓度，kg/kg；K_A 为分配系数。

K_A 值越大，则每次萃取的分离效果越好。一般情况下，K_A 不是常数。不同物系具有不同的 K_A 值；同一物系的 K_A 既随温度而变，又随平衡两相组成而变，但如组成变化范围不大时，K_A 可视为常数。在污水处理中，因为污水的水质复杂，所以分配系数一般由试验确定。某些溶剂萃取含酚污水的分配系数 K_A 值如表 2-17 所示。

表 2-17　溶剂萃取含酚污水的分配系数缸（20℃）

溶剂	苯	重苯	醋酸丁酯	磷酸三丁酯	N-503	803[#] 液体树脂
苯酚废水①	3.29	2.44	50	64.11	122.1	593
甲酚废水②	32.23	34.23	—	744.85	686.58	1942

当萃取剂与欲处理的污水相接触时，因污水中溶质的浓度大于与萃取剂中的浓度成平衡时的浓度，该浓度差即为溶质进行扩散的推动力，溶质即借扩散作用向萃取剂中传递，直至达到平衡分配为止。

在稳定的操作条件下，萃取速率可用下列方程式来表示

$$G = K \cdot A \cdot \Delta C$$

式中，G 为单位时间内污染物由污水中转移到萃取剂中的量，kg/h；K 为物质的传质系数，$m^3/(h \cdot m^2)$，与两相的性质、浓度、温度、pH 值有关；A 为萃取塔的截面积，m^2；ΔC 为萃取过程污水中杂质的实际浓度与平衡时的浓度差，kg/m^3。

由传递速率式可见，要提高萃取速度和设备生产能力，可以有以下几个途径。

①增大两相接触界面面积。通常使萃取剂以小液滴的形式分散到污水中去，分散相液滴越小，传质表面积越大。但要防止

---

① 废水含苯酚 23.0g/L。

② 废水含甲酚 1.6g/L。

溶剂分散过度而出现乳化现象,给后续分离萃取剂带来困难。对于界面张力不太大的物系,仅依靠密度差推动液相通过筛板或填料,即可获得适当的分散度;但对于界面张力较大的物质,需通过搅拌或脉冲装置来达到适当分散的目的。

②增大传质系数。在萃取设备中,通过分散相的液滴反复地破碎和聚集,或强化液相的湍动程度,使传质系数增大。但是表面活性物质和某些固体杂质的存在,增加了在相界面上的传质阻力,将显著降低传质系数,因而应预先除去。

③增大传质推动力。采用逆流操作,整个萃取系统可维持较大的推动力,既能提高萃取相中溶质浓度,又可降低萃余相中的溶质浓度。逆流萃取时的过程推动力是一个变值,其平均推动力可取污水进、出口推动力的对数平均值。

④延长萃取时间可以增加萃取的数量。但延长时间增加的数量有一定限度,超过此限度,虽然延长时间,也难以再增加萃取量。

(二)萃取剂

1.萃取剂的选择

萃取剂不仅影响萃取产物的产量和组成,而且又直接影响被萃取物质的分离效果。萃取剂应满足下列要求。

①选择性好,即分配系数大。

②分离性能好,萃取过程不乳化、不随水流失,要求萃取剂粘度小,与污水的密度差大,表面张力适中。

③化学稳定性好,不与污水中的杂质发生化学反应,这样可以减少萃取剂的损失,腐蚀性小。

④价格低廉,易于获得。

⑤黏度小、凝固点低、着火点高、毒性小、蒸气压小,便于室温贮存和使用。

2.常用萃取剂

在国内,萃取法广泛应用于含酚废水的预处理及酚的回收。

用于脱酚的萃取剂比较多,常用的有 N-503、粗苯、N-503＋煤油混合液等。国外有乙酰苯、醋酸丁酯、磷酸三甲酯、异丙基醚等。这些萃取剂均具有脱酚效率高,分配系数大、不利于乳化等优点。其中 N-503(N,N-二甲基庚基乙酰胺)是一种高效脱酚萃取剂,同其他脱酚萃取剂相比,具有脱酚效率高、水溶性小、无二次污染、不易乳化、物理化学性能稳定,易于酚类回收及溶剂再生等优点。N-503 为淡黄色的油状液体,属取代酰胺类化合物,国内已工业化生产。其主要物理常数:沸程(155±5)℃(133Pa);相对密度 0.85～0.87;黏度(19.5±0.7)MPa·s;表面张力 2.93N/m(25℃);在水中溶解度 0.01g/L,易溶于酒精、苯、煤油、石油醚等有机溶剂;凝固点 −54℃,闪点 168℃,燃点 190℃;对小白鼠的半数致死量为 8.2g/kg,属无毒级。

N-503 的热稳定性好,经反复蒸馏较少分解,对酸、碱也较稳定。利用 N-503 萃取三硝基酚,硝基酚的脱除率在 99.5％以上,相比若提高到 1∶1,一次萃取脱酚率可达 99.98％,分配系数达 1527,溶剂再生后萃取能力衰减不大。含硝基甲酚的污水还可用 5％～95％的 N-503 煤油系统来萃取,回收 75％～90％的酚,萃取剂与水之比为 0.2∶1,经过一次回收萃取,每吨废水可回收 1.02kg 的酚。

该萃取剂除了对酚有较高的萃取效率以外,还对苯乙酮、苯甲醛、苯甲醇也有显著的萃取效果,还可用于冶金工业萃取铀、锆、铌和钌等金属。

另外一种萃取剂 803# 液体树脂,是一种阴离子交换剂。它是以高分子烷基胺类为主要原料配制而成的。该萃取剂具有如下特性。

①受热不分解、不易挥发、毒性较低、安全可靠。

②在水溶液中呈碱性,能和酸作用生成胺盐。成盐后对水中酚类等有机物具有选择性萃取能力。

③分配系数高。

④反萃取条件简单,回收率高。一般用碱液反萃取,反萃取

后树脂中几乎不含萃取物,可多次重复使用,且耐玷污性好。

⑤价格比 N-503 便宜,生产、配制都比较容易。

但该液体树脂在脱酚过程中耗酸、碱量大,脱酚后的萃余相中,有乳化现象。通过实验发现,磺化煤具有很好的破乳作用,既能吸附萃余相中的树脂,又能去除残留的酚。采用萃取—吸附联合流程处理,可实现完全脱酚。

烷基叔胺的液体交换树脂是一种阴离子交换剂,在稀有金属的分离纯化上占有重要地位,常用于选择性提取钴、钨及铂等贵重金属。

(三)萃取操作及流程

按萃取剂与污水接触方式的不同,萃取操作可以分为间歇式和连续式两种。

(1)间歇萃取

间歇萃取一般采用多段逆流方式(图 2-62)。

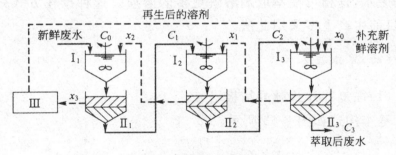

图 2-62　多段逆流间歇萃取流程图

废水首先与接近饱和的萃取剂相遇,新鲜的萃取剂与经几段萃取后的低浓度废水相遇,这样可增大传质过程的推动力,节省溶剂用量。一般在萃取罐内设有搅拌器来增加两相的接触面积和传质系数。废水和萃取剂在萃取罐内搅拌一定时间后,把它们排到分离罐进行静置分离。一般萃取罐内搅拌器转速 $300r/min$,搅拌 $15min$。废水在分离罐静置 $30min$ 左右,经 n 段萃取后,根据物料平衡关系式可得溶质的残留浓度为

$$C_n = \frac{C_0}{(1+Kb)^n}$$

式中，C_n 为经挖段萃取后污水中杂质的浓度；C_0 为污水中溶质的原始浓度；K 为分配系数；n 为萃取段数，工程上一般取 2～4 段；b，$b = \dfrac{萃取剂量\ q}{废水量\ Q}$，例如醋酸丁酯采用 $b = 10\% \sim 15\%$，重苯 $b = 1$。

由于间歇式萃取操作麻烦，设备笨重，而且萃取一次也不能将污水中的溶质充分萃取出来，因此只适用于间歇排出的少量废水。

(2)连续萃取

连续萃取多采用塔式逆流操作方式。塔式逆流方式是将污水和萃取剂同时通入一个塔中，密度大的从塔顶流入，连续向下流动，充满全塔并由塔底排出；密度小的从塔底流入，从塔顶流出，萃取剂与废水在塔内逆流相对流动，完成萃取过程。由于逆流操作，萃取剂进入塔后先遇到低浓度的废水，离塔前遇到高浓度的废水，这样可使萃取剂溶解更多的溶质。这种操作方式效率高，目前生产上多采用此法。

（四）萃取设备

(1)往复叶片式脉冲筛板塔

基本构造如图 2-63 所示。

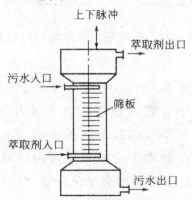

图 2-63　往复叶片式脉冲筛板塔示意图

塔分为三部分,上、下两个扩大部分是分离区。在工作区内装有一根纵向轴,轴上装有若干块筛板,筛板与塔体内壁之间要保持一定的间隙,筛板上筛孔的孔径约7～16mm。中心轴靠塔顶电动机的偏心轮装置带动作上下脉冲,此时,筛板也随之在塔内作垂直的上下往复运动,形成两液相之间的湍流条件,从而加强了溶剂与污水的充分混合,强化了萃取过程。在塔的分离区,轻、重两液相靠密度差进行分离。在这种塔中,重液由塔上部进入至塔底经Ⅱ形管流出;轻液由塔下部进入至塔顶流出。Ⅱ形管上部与塔顶空间相连,以维持塔内一定的液面。

该塔的特点是中心轴在电动机和偏心轮的带动下使筛板产生上下方向的脉冲运动,使液体剧烈搅动,两相能够更好地接触,强化了传质过程。筛板的脉冲频率(单位时间内振动次数)和脉冲的振幅(每振动一次筛板上下移动的距离)的大小一般由试验确定。如果频率过高,振幅过大,搅拌过于剧烈,则萃取剂被打得过碎,不能很好地与污水分离,影响萃取的正常操作。反之,脉冲的频率和振幅过小,则混合不够充分,也影响传质效率。

往复式叶片脉冲塔设备简单,传质效率高,流动阻力较小,生产能力比其他类型搅拌的塔大,从而增加了液—液萃取速度。

(2)转盘塔

转盘塔也是分为三部分,上下两个扩大部分为轻、重液分离室,中间部分是工作区(图2-64)。这种塔在重液与轻液相引入塔内时不需要任何分离装置,凡是溶质不是难于萃取的,在萃取要

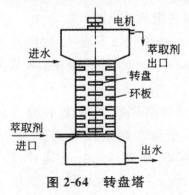

图 2-64　转盘塔

求不太高而处理量又较大的情况下,采用转盘塔是有利的。

（3）离心萃取机

离心萃取机的外形为圆筒形卧式转鼓（图 2-65），转鼓内有许多层同心圆筒进入；转鼓高速旋转（1500～3000r/min）产生的离心力，使重液由里向外，轻液由外向里流动，进行连续的对流混合与分离。在离心萃取机中产生的离心力约为重力的 1000～4000 倍（当转鼓半径 0.4m 时），所以可在转子外圈及中心部分的澄清区产生纯净的出流液。

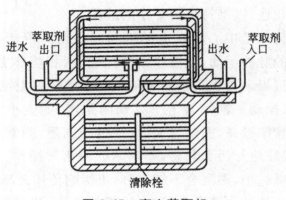

图 2-65　离心萃取机

离心萃取机的优点是效率高、体积小，特别是用于液体的密度差很小的液－液萃取更为有利。其缺点是电能消耗大，设备加工比较复杂。

（五）萃取法应用实例

（1）萃取法处理含酚污水

焦化厂、煤气厂、石油化工厂排出的废水中常含有较高浓度的酚（1000～3000mg/L）。为了回收酚，常采用萃取法处理这类废水。

某焦化厂采用萃取法回收含酚废水的工艺流程如图 2-66 所示。废水先经除油、澄清和降温预处理后进入脉冲筛板塔，由塔底供入二甲苯。萃取塔高 12.6m，其中上下分离段 $\phi2m \times 3.55m$，萃取段 $\phi1.3m \times 3.55m$，总体积 28m³。筛板共 21 块，板间距 250mm,筛孔 7mm,开孔率 37.4%,脉冲强度 2724mm/min,电机功率 5.5kW。处理水量为 16.3m³/h,酚平均浓度为 1400mg/L。二甲苯与废水量之比为 1∶1,萃取后,出水含酚浓度为 100～150mg/L,脱酚效率为 90%～93%。

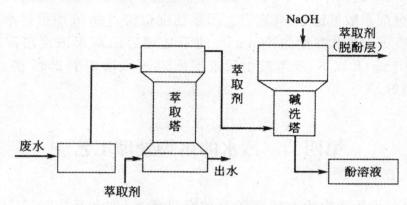

图 2-66　萃取法回收含酚废水的工艺流程图

含酚二甲苯自萃取塔顶送到碱洗塔进行脱酚。碱洗塔中装有 20%浓度的氢氧化钠。脱酚后的二甲苯供循环使用。从碱洗塔放出的酚盐含酚 30%左右,含游离碱 2%～2.5%左右。

(2)萃取法处理含重金属废水

某铜矿采选废水含铜 230～1500mg/L,含铁 4500～5400mg/L,含砷 10.3～300mg/L,pH 值为 0.1～3。该废水用 N-510 作螯合萃取剂,以磺化煤油作稀释剂。煤油中 N-510 浓度为 162.5mg/L。在涡流搅拌池中进行六级逆流萃取,每级混合时间 7min。总萃取率在 90%以上。含铜萃取相用 1.5mol·L^{-1} 的 H_2SO_4 反萃取,相比为 2.5,混合 10min,分离 20min。当 H_2SO_4 浓度超过 130g/L 时,铜的三级反萃取率在 90%以上。反萃取所得 $CuSO_4$ 溶液送去电解沉积,得到高纯电解铜,废电解液回用于反萃取工序。脱除铜的萃取剂回用于萃取工序,萃取剂的耗损约 6g/m³ 污水。萃余相用氨水(NN_3/Fe=0.5)除铁,在 90℃～95℃下反应 2h,除铁率达 90%。若通气氧化,并加晶种,除铁率会更高。所得黄铵铁矾,在 800℃下煅烧 2h,可得品位为 95.8%的铁红(Fe_2O_3)。除铁后的污水酸度较大,可投加石灰、石灰石中和后排放。[1]

(3)萃取法处理低浓度含汞废水

汞电解过程制取氯碱的含汞废水中,汞以 $HgCl_2$ 形式存在。采用二级逆流萃取,萃取剂为三异辛基胺。在 pH 值较低的条件下,分配系数可达 2000 左右。萃取速度很快,15min 即可达萃取率 99%。进水溶度为 10mg/L 的汞处理后出水汞浓度可降至 0.001mg/L 以下,反萃液中汞浓度达 25g/L,浓缩了 2500 倍,效果很好。[2]

第四节 污水的生物处理工艺

但近年来由于对浓度较高的有机废水(如食品加工工业废水)采用好氧法不经济,故也常采用厌氧生物法。厌氧生物法或称厌氧消化或厌氧发酵法,即在无分子氧条件下,通过兼性菌或厌氧菌的代谢作用降解污泥和废水中的有机污染物,分解的最终产物主要是沼气,可作为能源。因此,厌氧生物处理法越来越受到人们的关注。

一、厌氧接触法

(一)厌氧接触法工艺流程

厌氧接触法在消化池后设沉淀池,将沉淀污泥回流至消化池。该系统既能控制污泥不流失、出水水质稳定,又可提高消化池内污泥浓度,从而提高设备的有机负荷和处理效率(图 2-67)。

---

① 王燕飞.水污染控制技术.2 版.北京:化学工业出版社,2008: 160—194

② 王郁.水污染控制工程.北京:化学工业出版社,2007:218

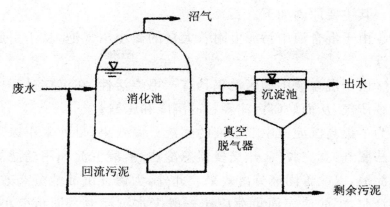

图 2-67　厌氧接触工艺流程

　　与普通厌氧消化池相比,它的水力停留时间大大缩短。有效处理的关键在于污泥沉降性能和污泥分离效率,因为厌氧污泥在沉淀池内继续产气,所以其沉淀效果不佳。该工艺和消化工艺一样属于中低负荷工艺。一些具有高 BOD_5 的工业废水采用厌氧接触工艺处理可得到很好的稳定性,厌氧接触工艺在我国已成功应用于酒精糟液的处理。

(二)厌氧接触法工艺特点

　　与厌氧消化法相比,厌氧接触法具有以下特点。

　　①消化池污泥浓度高,其挥发性悬浮物的浓度一般为 $5\sim10g/L$,耐冲击能力强。

　　②COD 容积负荷一般为 $1\sim5kg/(m^3 \cdot d)$,COD 去除率为 $70\%\sim80\%$;BOD_5 容积负荷为 $0.5\sim2.5kg/(m^3 \cdot d)$,$BOD_5$ 去除率为 $80\%\sim90\%$。

　　③增设沉淀池、污泥回流系统和真空脱气设备,流程较复杂。

　　④适合处理悬浮物和 COD 浓度高的废水,生物量(SS)可达到 $50g/L$。

(三)运行管理存在的问题及对策

　　从消化池排出的混合液在沉淀池中进行固液分离有一定的

困难。其主要原因如下。

①由于混合液中污泥上附着大量的微小沼气泡,易于引起污泥上浮。

②由于混合液中的污泥仍具有产甲烷活性,在沉淀过程中仍能继续产气,从而妨碍污泥颗粒的沉降和压缩。

为了提高沉淀池中混合液的固液分离效果,目前采用以下几种方法脱气:真空脱气、热交换器急冷法、絮凝沉淀和用超滤静代替沉淀池,以改善固液分离效果。此外,为保证沉淀池分离效果,在设计时,沉淀池表面负荷应比一般废水沉淀池表面负荷小,一般不大于 1m/h,混合液在沉淀池停留时间比一般废水沉淀时间要长,可采用 4h。

采用厌氧接触工艺可以处理含有少量悬浮物的废水。但悬浮物的积累同样会影响污泥的分离,同时悬浮物的积累会引起污泥中细胞物质比例的下降,从而会降低反应器处理效率。因此,对含悬浮物浓度较高的废水,在厌氧接触工艺之前采用分离预处理是必需的。

(四)应用实例

厌氧接触法用于高浓度有机废水处理,目前在一些国家已有不少生产装置,在我国也已用于处理某些工业废水。

(1)酒精厂废水处理

我国某酒精厂采用厌氧接触法处理酒精废水。两座厌氧消化池的容积为 20m³,用水泵水射器回流消化液搅拌。原废水 COD浓度为 50000～54000mg/L,BOD_5 浓度为 26000～34000mg/L。反应温度采用 53℃～55℃,反应器内污泥浓度为 20%～30%。COD 容积负荷为 9.11～11.7kg COD/(m³·d),COD 去除率为80%,BOD_5 去除率为 87%,水力停留时间为 4～4.5d。

(2)国外某屠宰厂废水处理

该厂废水处理工艺流程(图 2-68)。

各处理单元运行参数如下。

①调节池。水力停留时间 24h。

②厌氧反应器。容积负荷 2.5kg $BOD_5/(m^3 \cdot d)$，水力停留时间 12～13h，反应温度 27℃～31℃，污泥浓度 7000～12000mg/L，生物固体平均停留时间 3.6～6d。

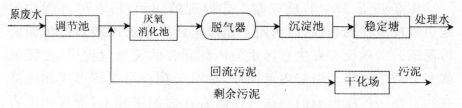

图 2-68 某屠宰厂废水处理工艺流程

③脱气器。真空度为 $666 \times 10^2 Pa$。

④沉淀池。水力停留时间为 1～2h，表面负荷为 14.7$m^3/(m^2 \cdot h)$，回流比为 3：1。

⑤稳定塘。水深为 0.91～1.22m。

该处理系统对废水的处理效果列举于表 2-18 中。

表 2-18 某屠宰厂废水厌氧接触法处理数据

指标	原废水 /mg/L	沉淀池出水 /mg/L	稳定塘出水 /mg/L	厌氧反应去除率/%	稳定塘去除率/%	总去除率/%
BOD_5	1 381	129	26	90.6	79.8	98.1
SS	688	198	23	71.8	88.4	96.7

运行结果还表明，当 BOD_5 容积负荷从 2.56kg $BOD_5/(m^3 \cdot d)$ 上升到 3.2kg $BOD_5/(m^3 \cdot d)$ 时，BOD_5 去除率由 90.6% 下降到 83%，产气量由 0.4m^3/kg BOD_5 下降到 0.29m^3/kg BOD_5。

二、升流式厌氧污泥床（UASB 法）

升流式厌氧污泥床（UASB）工艺是由荷兰人在 20 世纪 70 年代开发的，他们在研究用升流式厌氧滤池处理马铃薯加工废水和甲醇废水时取消了池内的全部填料，并在池子的上部设置了气、液、固三相分离器，于是一种结构简单、处理效能很高的新型厌氧反应器便诞生了。到目前为止,UASB反应器是最为成功的厌氧生物处理工艺。

（一）工艺原理

图2-69是UASB反应器工作原理的图示,污水尽可能均匀地引入反应器的底部,污水向上通过包含颗粒污泥或絮凝污泥的污泥床。厌氧反应发生在污水与污泥颗粒的接触过程中,在厌氧状态下产生的沼气引起内部循环,这对于颗粒污泥的形成和维持有利。在污泥层形成的一些气体附着在污泥颗粒上,附着和没有附着的气体向反应器顶部上升,上升到表面的颗粒碰击气体发射板的底部,引起附着气泡的污泥絮体脱气。由于气泡释放,污泥颗粒将沉淀到污泥床的表面。附着和没有附着的气体被收集到反应器顶部的集气室。置于集气室单元缝隙之下的挡板的作用为气体反射器和防止沼气气泡进入沉淀区,否则将引起沉淀区的紊动,会阻碍颗粒沉淀,使得包含一些剩余固体和污泥颗粒的液体经过分离器缝隙进入沉淀区。

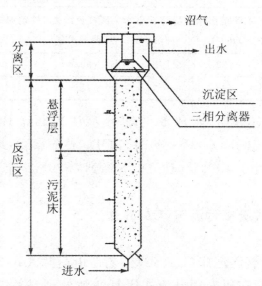

图2-69 UASB反应器工作原理示意图

由于分离器的斜壁沉淀区的过流面积在接近水面时增加,因此上升流速在接近排放点处降低。由于流速降低，污泥絮体在沉淀区可以絮凝和沉淀。积累在相分离器上的污泥絮体在一定程度上将克服其在斜壁上受的摩擦力，而滑回反应区，这部分污泥又可与进水有机物发生反应。

　　UASB反应器最重要的设备是三相分离器，这一设备安装在反应器的顶部并将反应器分为下部的反应区和上部的沉淀区。为了在沉淀区中取得对上升流中污泥絮体/颗粒满意的沉淀效果，三相分离器第一个主要的目的就是尽可能有效地分离从污泥床中产生的沼气，特别是在高负荷的情况下。在集气室下面反射板的作用是防止沼气通过集气室之间的缝隙逸出到沉淀室。另外挡板还有利于减少反应室融高产气量所造成的液体絮动。UASB系统的原理是在形成沉降性能良好的污泥絮凝体的基础上，结合在反应器内设置的污泥沉淀系统，使三相得到分离。形成和保持沉淀性能良好的污泥是UASB系统良好运行的根本点。

（二）UASB反应器的构造与特性

1. UASB的构造

UASB反应器主要由下列几部分组成。

　　①布水器。即进水配水系统，其功能主要是将污水均匀地分配到整个反应器，并具有进水水力搅拌功能，这是反应器高效运行的关键之一。

　　②反应区。其中包括污泥区和污泥悬浮层区，有机物主要在这里被厌氧菌所分解，是反应器的主要部位。

　　③三相分离器。三相分离器是反应器最有特点和最重要的装置。由沉淀区、回流缝和气封组成。其功能是把气体、固体和液体分开，固体经沉淀后由回流缝回流到反应区，气体分离后进入气室。三相分离器的分离效果将直接影响反应器的处理效果。

　　④出水系统。其作用是把沉淀区水面处理过的水均匀地加以收集，排出反应器。

　　⑤气室。也称集气罩，其作用是收集沼气。

⑥浮渣清除系统。其功能是清除沉淀区液面和气室液面的浮渣,如浮渣不多可省略。

⑦排泥系统。其功能是均匀地排除反应区的剩余污泥。

UASB反应器分为开敞式和封闭式。开敞式反应器是顶部不加密,出水水面敞开,主要适用于处理中低浓度的有机污水;封闭式反应器是顶部加盖密封,主要适用于处理高浓度有机污水或含较多硫酸盐的有机污水。

UASB反应器断面一般为圆形或矩形,圆形一般为钢结构,矩形一般为钢筋混凝土结构。

2. UASB 的特性

UASB反应器的工艺特征是在反应器的上部设置气、液、固三相分离器,下部为污泥悬浮层区和污泥床区,污水从反应器底部流入,向上升流至反应器顶部流出,由于混合液在沉淀区进行固液分离,污泥可自行回流到污泥床区,这使污泥区可保持很高的污泥浓度。UASB反应器还具有一个很大特点是能在反应器内实现污泥颗粒化,颗粒污泥具有良好的沉降性能和很高的产甲烷活性。污泥的颗粒化可使反应器具有很高的容积负荷。UASB不仅适于处理高、中浓度的有机污水,也用于处理如城市污水这样的低浓度有机污水。

UASB反应器的构造特点是集生物反应与沉淀于一体,结构紧凑,污水由配水系统从反应器底部进入,通过反应区经气、固、液三相分离器后进入沉淀区。气、固、液分离后,沼气由气室收集,再由沼气管流向沼气柜。固体(污泥)由沉淀区沉淀后自行返回反应区,沉淀后的处理水从出水槽排出。UASB反应器内不设搅拌设备,上升水流和沼气产生的气流足可满足搅拌需要,UASB反应器的构造简单,便于操作运行。

(三)工艺设计

升流式厌氧污泥床设计的主要内容有:①选定池形,确定主要尺寸;②设计进水、配水和出水系统;③选定三相分离器的形式。升流式厌氧污泥床的设计参数应通过试验确定,当无条件试验时参考下列参数进行设计。

(1)容积负荷

当反应器内平均污泥浓度为 25kg VSS/m³ 时,容积负荷应根据水质和反应温度,参考表 2-19 确定。

表 2-19　UASB 允许容积负荷

反应温度/℃	容积负荷 kg COD/(m³·d)		
	VFA 废水①	非 VFA 废水	SS 占 COD 总量 30% 的废水
15	2～4	1.5～3	1.5～2
20	4～6	2～4	2～3
25	6～12	4～8	3～6
30	10～18	8～12	6～9
35	15～24	12～18	9～14
40	20～32	15～24	14～18

(2)水力停留时间

对低浓度有机废水(COD 浓度在 1000mg/L 以下)不加热时,由于有机物分解速度是限制因素,因此,反应器的容积应根据水力停留时间确定。最小水力停留时间可参考表 2-20 确定。

表 2-20　升流式厌氧污泥床处理生活污水最小水力停留时间

温度/℃	水力停留时间/h		
	日平均	日最大	高峰时
16～19	10～14	7～9	3～5
22～26	7～9	5～7	3
26 以上	6	4	2.5

注:反应器高度为 4m 时。

---

① 挥发性脂肪酸。

（3）沉淀区表面水力负荷

对主要含溶解性有机物的废水,沉淀区表面水力负荷采用 $3m^3/(m^2 \cdot h)$ 以下,对含悬浮物较多的有机废水表面水力负荷可采用 $1\sim1.5m^3/(m^2 \cdot h)$ 以下。

（4）配水系统每个喷嘴服务面积

高负荷采用 $2\sim5m^2/$个,低负荷可采用 $0.5\sim2m^2/$个。

（5）三相分离器

目前,三相分离器的构造有多种形式,生产上采用的三相分离器多为专利。图 2-70 为三相分离器的一种形式。该三相分离器要求通过沉淀槽底缝隙的流速不大于 $2m/h$,沉淀槽斜底与水平面的交角不应小于 $50°$,以使沉淀在斜底上的污泥不发生沉积,尽快落入反应区内。

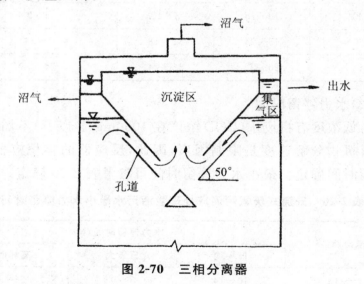

图 2-70　三相分离器

（6）反应器高度

对低浓度（COD 浓度在 1000mg/L 以下）有机废水反应器的高度可采用 3～5m;对中浓度（COD 浓度为 2000～3000mg/L）可采用 5～7m;最大不超过 10m。

（7）回流循环水量

升流式厌氧污泥床进水 COD 浓度超过 15000mg/L 时,需进行回流以降低进水 COD 浓度。

（8）预处理

进水悬浮物最高允许浓度为 6000～8000mg/L，达到此值时处理效果明显恶化，超过 8000mg/L，则反应器难于运行。

（四）应用实例

（1）甜菜制糖废水处理

这种废水季节性强，水质变化大。外国甜菜制糖废水成分如表 2-21 所示。

表 2-21　甜菜制糖废水的成分（平均值）

COD /(mg/L)	BOD₅ /(mg/L)	乙酸 /%	丙酸 /%	丁酸 /%	凯氏氮 /(mg/L)	磷 (mg/L)	SS /(mg/L)	pH	碱度 /(mg/L)
1000～4000	500～2500	40	45	4	20～55	0～5	0.1～1.0	6.8～7.8	10～40

注：乙酸、丙酸、丁酸的百分含量指它们各占有机酸的百分数。

三座糖厂废水处理站的运行结果列于表 2-22 中。

表 2-22　UASB 装置运行结果

项目	糖厂Ⅰ	糖厂Ⅱ	糖厂Ⅲ
废水量/(m³/h)	200	275	250
反应器容积/m³	800	1300	1425
水力停留时间/h	4	4.8	5.7
进水 COD/(mg/L)	1850	2400	4000
COD 容积负荷/[kg/(m³·d)]	12	12	16.5
COD 去除率/%	70	75	75
产气量/(m³/h)	120	200	300
气体成分/%(CH₄)	82	82	76

废水用工业余热加热到 35℃ 左右后直接进入升流式厌氧污泥床。运行中，水温变化范围在 30℃～38℃。反应器的污泥培养采用城市污水厂的消化池污泥作为种泥，在运行 1 个月后，COD 负荷率达到 6kg COD(m³·d)，正常运行时，三座糖厂的 COD 负

荷都达到或超过 12kg COD(m³·d),COD 去除率为 75%左右,平均产气率为 0.42m³/(去除 1kg COD),甲烷含量为 80%左右。

实践表明,反应器的运行非常稳定,由于在反应器内形成了颗粒污泥(0.5~1.0mm),具有良好的沉降性能(SVI 为 1mL/g),反器在 3 周内负荷率从 6 增加到 12 和 16kg COD/(m³·d)。反应器内的有机污泥量增加 4 倍。

糖厂Ⅲ的升流式厌氧污泥床的 COD 容积负荷率与反应器内的有机污泥浓度与总量的关系如表 2-23 所示。

表 2-23 有机负荷率与污泥量的关系

时间 /d	COD 容积负荷 /[kg/(m³·d)]	有机物污泥浓度 /(mL/g)	有机污泥总量 /t
32	7	7.0	3.5
38	8	16.5	8.0
43	10	21.8	12.5
51	16	31.4	19.7

(2)酿造废水处理

某酿造废水主要来自酱油、黄酱和腐乳等生产车间的生产废水及冲洗地面水。由于生产的间歇性和季节性,废水的水量、浓度及其组成极不稳定。废水量在 30~60m³/d 变化;COD 一般为 2000~6000mg/L,最低 520mg/L,最高 20230mg/L;BOD₅ 为 1400~2200mg/L;悬浮物浓度一般为 330~2600mg/L,pH 通常在 6.0 左右,水温为 15℃~28℃,废水的 COD∶N∶P∶S(质量比)为 100∶(1.5~10.7)∶(0.1~0.2)∶(0.03~0.74),还含有相当的 Cl⁻。

升流式厌氧污泥床容积为 130m³,分两格,在常温下运行,进水采用脉冲方式,所产生沼气供居民使用,出水经氧化沟处理后排放。

该反应器投产后,由于废水量的限制,经常运行负荷为 2~5kg COD/(m³·d)。运行表明,在维持水力停留时间为 30h

的条件下,反应器的去除负荷随进水 COD 浓度的增加而增加。在进水 COD 浓度为 520～15000mg/L 时,有机物去除负荷为 0.42～12.8kg COD/(m³·d)范围内,COD 去除率稳定,没出现下降趋势。COD 去除负荷为 12kg COD/(m³·d)时,COD 的去除率在 82% 以上,产气率为 0.34m³ 沼气/去除 1kg COD。该装置操作管理方便,运行稳定。

三、厌氧生物滤池

厌氧生物滤池是装填滤料的厌氧反应器。厌氧微生物以生物膜的形态生长在滤料表面,废水淹没式地通过滤料,在生物膜的吸附作用和微生物的代谢作用以及滤料的截留作用下,废水中有机污染物被去除。产生的沼气则聚集于池顶部罩内,并从顶部引出。处理水则由旁侧流出。为了分离处理水挟出的生物膜,一般在滤池后需设沉淀池。

(一)厌氧生物滤池的构造

(1)滤料

滤料是厌氧生物滤池的主体,其主要作用是提供微生物附着生长的表面及悬浮生长的空间,因此,应具备下列条件:①比表面积大,以利于增加厌氧生物滤池中的生物量;②孔隙率高,以截留并保持大量悬浮微生物,同时也可防止堵塞;③表面粗糙度较大,以利于厌氧细菌附着生长;④其他方面,如机械强度高、化学和生物学稳定性好、质量轻、价格低廉等。

很多研究者对多种不同的滤料进行过研究,但所得出的结论也不尽相同,如有人认为滤料的孔隙率更重要,即厌氧生物滤池中悬浮细菌所起的作用更大;也有人认为滤料最重要的特性是:粗糙度、孔隙率以及孔隙大小。

在厌氧滤池中经常使用的滤料有多种,可以简单分为如下几种。

①实心块状滤料。30～45mm 的碎块；比表面积和孔隙率都较小，分别为 40～50m²/m³ 和 50％～60％；这样的厌氧生物滤池中的生物浓度较低，有机负荷也低仅为 3～6kg COD/(m³ · d)；易发生局部堵塞，产生短流。

②空心块状滤料。多用塑料制成，呈圆柱形或球形，内部有不同形状和大小的孔隙；比表面积和孔隙率都较大。

③管流型滤料。包括塑料波纹板和蜂窝填料等；比表面积为 100～200m²/m³，孔隙率可达 80％～90％；有机负荷可达 5～15kg COD/(m³ · d)。

④交叉流型滤料。

⑤纤维滤料。包括软性尼龙纤维滤料，半软性聚乙烯、聚丙烯滤料，弹性聚苯乙烯填料；比表面积和孔隙率都较大；偶有纤维结团现象；价格较低，应用普遍。

（2）布水系统

在厌氧生物滤池中布水系统的作用是将进水均匀分配于全池，因此在设计计算时，应特别注意孔口的大小和流速。与好氧生物滤池不同的是，因为需要收集所产生的沼气，厌氧生物滤池多是封闭式的，即其内部的水位应高于滤料层，将滤料层完全淹没；其中升流式厌氧生物滤池的布水系统应设置在滤池底部。这种形式在实际应用中较为广泛。一般滤池的直径为 6～26m，高为 3～13m。而降流式厌氧生物滤池的水流方向正好与之相反。升流式混合型厌氧生物滤池的特点是减小了滤料层的厚度，留出了一定空间，以便悬浮状态的颗粒污泥在其中生长和累积。

（3）沼气收集系统

厌氧生物滤池的沼气收集系统基本与厌氧消化池的类似。

（二）厌氧生物滤池的类型及特点

1.厌氧生物滤池的类型

根据废水在厌氧生物滤池中的流向的不同，可分为升流式厌氧生物滤池、降流式厌氧生物滤池和升流式混合型厌氧生物滤池等三种形式,即分别如图 2-71 所示。

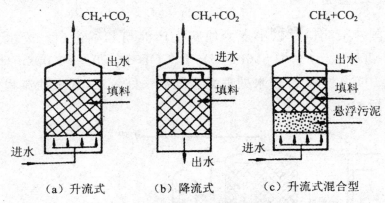

图 2-71 厌氧生物滤池的类型

2.厌氧生物滤池的特点

从工艺运行的角度,厌氧生物滤池具有以下特点。

①厌氧生物滤池中的厌氧生物膜的厚度为 1~4mm。

②与好氧生物滤池一样,其生物固体浓度沿滤料层高度有变化。

③降流式较升流式厌氧生物滤池中的生物固体浓度的分布更均匀。

④厌氧生物滤池适合于处理多种类型、浓度的有机废水,其有机负荷为 0.2~16kg COD/(m³·d)。

⑤当进水 COD 浓度过高(＞8000mg/L 或 12000mg/L)时,应采用出水回流的措施:减少碱度;降低进水 COD 浓度;增大进水流量;改善进水分布条件。

与传统的厌氧生物处理工艺相比,厌氧滤池的突出优点是:①生物固体浓度高,有机负荷高;②SRT 长,可缩短 HRT,耐冲击负荷能力强;③启动时间较短,停止运行后的再启动也较容易;④无须回流污泥,运行管理方便;⑤运行稳定性较好。而主要缺点是易堵塞,会给运行造成困难。

（三）应用实例

国外某淀粉厂以小麦为原料生产淀粉和谷蛋白。废水量为 $400 \sim 600 m^3/d$（平均 $550 m^3/d$），含 COD $15000 \sim 20000 mg/L$，水温为 $10℃ \sim 20℃$。废水处理采用厌氧—好氧法，其工艺流程如图 2-72 所示。

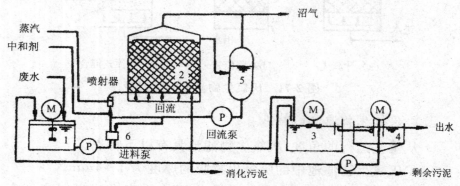

1—调节池；2—厌氧生物滤池；3—曝气池；4—沉淀池；5—调压罐；6—热交换器

图 2-72　淀粉废水厌氧处理工艺流程图

原废水与回流水混合后，投加中和剂调整 pH 值。并用蒸汽加热后经设在厌氧生物滤池底部的布水系统进入滤池，反应温度为 36℃。为了减少蒸汽用量，充分利用回流水的余热，废水先经热交换器预热后，再根据需要加入蒸汽进行加热。废水先经厌氧生物滤池处理再进行好氧处理后排放。

厌氧生物滤池采用塑料滤料，COD 容积负荷率采用 $10 kg$ $COD/(m^3 \cdot d)$，平均水力停留时间为 48h，反应温度为 36℃，厌氧生物滤池容积为 $1000 m^3$，COD 去除率为 80%。沼气产量为 $3200 m^3/d$，沼气组成：CH_4 70%，CO_2 30%，沼气柜容积 $1500 m^3$。由于产生的沼气中含硫化氢 0.2%，故需先脱硫后再进入沼气柜贮存。沼气可用于工厂干燥淀粉与锅炉燃料。

淀粉废水厌氧生物滤池处理运行结果如图 2-73 所示。在启动初期，产气量随进水量的增加而增加，但不久 COD 去除率下降，产气也出现停滞状态，因为有机酸大量积累，甲烷菌受到抑

制。以后中止进水 10d,其恶化状态缓解。再启动很快就达到稳
定状态。启动用了 3 个月时间。

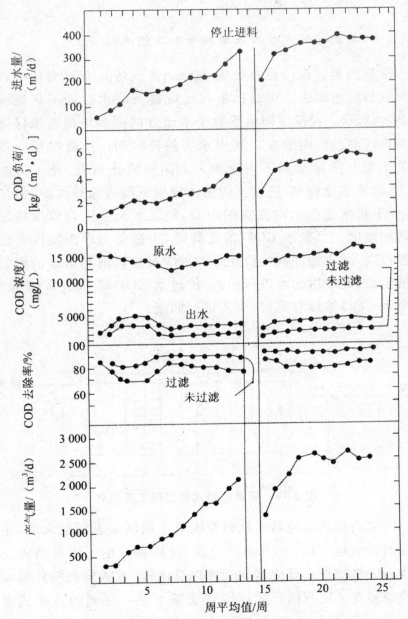

图 2-73　厌氧生物滤池处理淀粉废水的运行结果

四、厌氧挡板式反应器

(一)厌氧挡板式反应器的构造和工艺流程

厌氧挡板式反应器是美国 Mccarty 于 1980 年开发的一种新型厌氧活性污泥法。厌氧挡板式反应器及废水处理工艺流程如图 2-74 所示。在反应器内垂直于水流方向设多块挡板来保持反应器内较高的污泥浓度以减少水力停留时间。挡板把反应器分为若干个上向流室和下向流室。上向流室比较宽,便于污泥聚集,下向流室比较窄,通往上向流的导板下部边缘处加 60°的导流板,便于将水送至上向流室的中心,使泥水充分混合以保持较高的污泥浓度。当废水 COD 浓度高时,为避免出现挥发性有机酸浓度过高,减少缓冲剂的投加量和减少反应器前端形成的细菌胶质的生长,处理后的水进行回流,使进水 COD 稀释至 5～10g/L,当废水 COD 浓度较低时,不需进行回流。

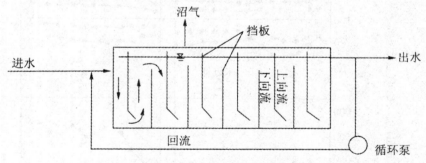

图 2-74　厌氧挡板式反应器工艺流程

厌氧挡板式反应器是从研究厌氧生物转盘发展而来的,生物转盘的转动盘不动,并全为固定盘,这样就产生了厌氧挡板式反应器。厌氧挡板式反应器与厌氧转盘比较,可减少盘的片数和省去转动装置。厌氧挡板式反应器实质上是一系列的升流式厌氧污泥床,由于挡板的截留,流失的污泥比升流式污泥床少,反应器内不设三相分离器。

（二）厌氧挡板式反应器的特点

①反应器启动期短，试验表明，接种一个月后，就有颗粒污泥形成，两个月就可投入稳定运行。

②避免了厌氧滤池、厌氧膨胀床和厌氧流化床的堵塞。

③避免了升流式厌氧污泥床因污泥膨胀而发生污泥流失。

④不需混合搅拌装置。

⑤不需载体。

五、两相厌氧生物处理

（一）两相厌氧生物处理工艺

厌氧生物处理亦称厌氧消化，前已述及分为三个阶段，即水解与发酵阶段、产氢产乙酸阶段及产甲烷阶段。各阶段的菌种、消化速度、对环境的要求、分解过程及消化产物等都不相同，对运行管理造成诸多不便。因此近年来研究采用两相消化法，即根据消化机理，把第一、二阶段与第三阶段分别在两个消化池中进行，使各自都在最佳环境条件中进行消化，使各相消化池具有更适合于消化过程三个阶段各自的菌种群生长繁殖的环境。

两相消化中第一相消化池容积的设计：投配率采用 100%，即停留时间为 1d；第二相消化池容积采用投配率为 15%～17%，即停留时间 6～6.5d。池形与构造完全同前，第二相消化池有加温、搅拌设备及集气装置，消化池的容积产气量为 $1.0～1.3m^3/m^3$，每去除 1kg 有机物的产气量为 $0.9～1.1m^3/kg$。

两相消化具有池容积小，加温与搅拌能耗少，运行管理方便，消化更彻底的特点。

两相厌氧生物处理法工艺流程，一般如图 2-75 所示，工艺流程由两大部分组成。

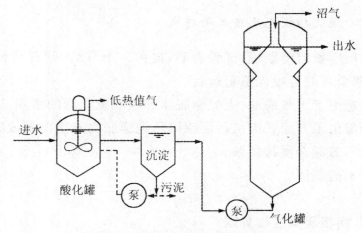

图 2-75　两相厌氧处理法工艺流程

（1）酸化反应器

有机物的水解，酸化部分，一般采用完全混合方式厌氧反应器。这样，不仅可使物料在反应器中均匀分布，而且即使进水中含一定量悬浮固体，亦不至于影响反应器的正常运行。反应器出流经沉淀进行固液分离后，部分污泥回流至酸化罐，以保持罐中有一定的污泥浓度，剩余污泥排放。上清液由沉淀池上部流出，作为下一步反应器的进水。

（2）气化反应器

有机物经水解、酸化后，继续分解产气的部分，一般采用上流式厌氧污泥床或厌氧过滤床、膨胀床等。在这里，甲烷菌利用有机物酸化产物为养料进行发酵产气，故称这一部分的反应器为气化反应器或甲烷反应器。反应过程中产生的沼气，自气化罐顶部收集后引出利用。

（二）两相厌氧生物处理的工艺特点

由于在两相厌氧生物处理法中，有机物的酸化和气化是分隔在两个独立的反应器中进行，总结该工艺的特点如下。

可提供产酸菌和甲烷菌各自最佳的生长条件，并获得各自较高的反应速率，以及良好的反应器运行情况。

①当进水有机物负荷变化时,由于酸化罐存在的缓冲作用,对后接气化罐的运行,影响不致过大。或者说,两相厌氧处理法具有一定的耐冲击负荷能力,运行稳定。

②两相厌氧处理法系统的总有机负荷率较高,致使反应器的总容积比较小。如在酸化反应器中,反应过程快,水力停留时间短,有机负荷率高。一般在反应 30℃～35℃ 情况下,水力停留时间为 10～24h,有机负荷率为 25～60kg COD/(m³·d)(相当于厌氧产气反应器的 3～4 倍)。故有机物在酸化过程中所需的反应器容积是相当小的。而且,经过酸化过程后,废水的 COD,一般可被去除 20%～25%,进入气化罐的有机物负荷量就可减少,相应容积亦随之减少。

③采用两相厌氧处理法后,进入气化罐的废水水质情况有所改善。如有机物酸化降解为低分子有机酸,水中所含悬浮固体减少较多,使得气化罐运行条件良好。在这种情况下,反应器的 COD 去除率及产气率有所提高。一般的,在中温度发酵(30℃～35℃)情况下,COD 总去除率可达 90% 左右,总产气率达 3m³/(m³·d) 左右。

④由于两相厌氧处理法的反应器总容积较小,相应基本费用降低。不过,由于两相(酸化、气化)反应器容积的不等,可能给构筑物的设计和施工带来一定的困难和增添一定的工作量。

(三)应用实例

国外某马铃薯淀粉厂的废水主要含可溶性的碳水化合物 7g/L、蛋白质 15g/L、氨基酸 15g/L、柠檬酸 5g/L。其中 80% 以上的有价值的蛋白质采用加热冷结和超滤法回收,剩余的有机物采用两相厌氧法处理。废水 COD 浓度 17500～18000mg/L,硫酸盐浓度为 3.3mmol/L,pH 为 6.2。

废水处理采用厌氧—好氧工艺流程。废水经沉淀池沉淀后,进入升流式厌氧滤池进行产酸发酵,出水送入吹脱塔用沼气吹脱出水中的 H_2S,再送入 UASB 进行甲烷发酵,然后送入好氧处理构筑物进行处理。主要构筑物的容积和操作条件,列于表 2-24 中。

表 2-24　主要装置容积及操作条件

项目	沉淀池	酸化反应器	甲烷反应器
容积/m³	700	1700	5000
水温/℃	33	33	35
水力停留时间/h	3.25	9.5	20
出水 pH	6.2	6.2	7.5

运行结果列于表 2-25 和表 2-26 中。由表可知,由于微生物活动,有机物含量降低。在沉淀池和产酸相反应器中有机碳含量降低,产物不是甲烷而是二氧化碳,这是因为在沉淀池和产酸相反应器中水的 pH 值低于 6.3,大大低于产甲烷菌的最适 pH 值,并且水力停留时间短,没有足够的生物固体停留时间,难于保证产甲烷菌在池内增殖。在甲烷相反应器中有机碳进一步降低,主要转化为甲烷和二氧化碳 COD 的去除和总有机碳去除规律不同,在沉淀池中没有观察到 COD 减少。在产酸相反应器中 COD 变化很小,去除率只有 8%。这是因为在厌氧条件下,由于产生 CO_2 导致 COD 减少,同时又因还原性有机物(如丙酸、丁酸、戊酸和细胞物质)和无机化合物(如氨、硫化物)使 COD 增加,结果 COD 变化很小。从表中所列数据还可看出,产甲烷相反应器的出水 COD 仍很高,水中主要含氨、微生物菌体和少量的各种有机物(如乙酸、丙酸和酮酸等),这些杂质最后通过好氧处理被去除。

表 2-25　运行结果

水质	沉淀池进水	沉淀池出水	吹脱塔出水	产酸相反应器出水	产甲烷相反应器出水
总有机碳/(mg/L)	7200	6350	4990	3410	2060
COD/(mg/L)	17500~18000	17800	16400	11700	3000
硫酸盐/(mg/L)	3.3	3.0	1.3	0.7	<0.1
硫化物/(mg/L)	<0.1	0.1	1.9	1—3	1.4

表 2-26　各厌氧反应器的气体成分

成分/%	产酸相反应器	产甲烷相反应器	成分/%	产酸相反应器	产甲烷相反应器
H_2	0.1	0.01	CO_2	48.0	27.10
H_2S	1.48	0.49	CH_4	6.3	72.0

从表 2-25 还可看出,硫酸盐还原在沉淀池中就已发生,该池的 pH 值为 6.2。大多数硫化物以 H_2S 形式逸到空气中,大部分硫酸盐在产酸相反应器中被还原。从反应器流出的废水 pH 值为 6.2,硫化物主要以 H_2S 形式存在于水中,在吹脱塔用沼气将其脱出,经吹脱后的废水送入产甲烷相反应器,废水中的硫酸盐含量进一步降低。产甲烷相反应器产生的沼气中,H_2S 含量为 $6.58g/m^3$(体积比为 0.49%)。

参考文献

[1]黄维菊. 水污染治理与工业安全概论. 北京:中国石化出版社,2012.

[2]成官文. 水污染控制工程. 北京:化学工业出版社,2009.

[3]王燕飞. 水污染控制技术. 2 版. 北京:化学工业出版社,2008.

[4]张宝军. 水污染控制技术. 北京:中国环境科学出版社,2007.

[5]王有志. 水污染控制技术. 北京:中国劳动社会保障出版社,2010.

[6]王郁. 水污染控制工程. 北京:化学工业出版社,2007.

第三章　污水生态处理方法

第二章讨论的污水物理处理工艺、化学处理工艺、物理化学处理工艺和生物处理工艺等常规的水污染治理方法,在解决水环境污染、缓解水资源紧张方面起到了巨大的作用。但这些工艺在经济、使用上要求高,运行上存在困难。而由生态学和环境工程学两学科交叉产生的污水生态处理方法,具有投资少、运行费用低、技术水平要求低和能耗小等优点,作为传统污水治理技术的一种廉价替代方法,受到世界各国的重视,近二三十年得到了迅速发展,成为水污染治理领域应用研究的热点之一。污水生态处理方法更注重整体综合治理,已被越来越多的国家和地区所采用,水污染治理正在从传统的治理技术向生态环境友好治理技术的方向发展。污水生态处理方法主要分为土地净化、人工湿地净化和稳定塘净化等。

第一节　土地净化

水污染的土地净化技术是在人工控制下,利用土壤—微生物—植物组成的生态系统使污水中的污染物净化的方法。土地净化是使污水资源化、无害化和稳定化的治理利用系统。土地净化技术由污水预处理设施,污水调节和贮存设施,污水输送、布水及控制系统,土地净化,净化出水的收集和利用系统等五部分组成。

美国早在 1977 年应用的"水清洁法"中就提出把土地净化技术作为一项革新代用技术予以推广。土地净化技术是以土地作为主要净化系统的水污染治理方法,其目的是净化污水,控制水污染,同时实现污水的资源化利用。土地净化系统的设计运行参数需通过实验确定。在系统的维护管理、稳定运行、出水的排放和利用、周围环境的监测等方面都有较全面的考虑与规定。

一、水污染土地净化机理

土地净化主要依靠土壤过滤、微生物代谢、植物吸收、物理或化学及离子交换等过程去除污染物。

①悬浮固体(SS)。悬浮固体是导致土地处理系统堵塞的一个重要原因。一般来说,二级处理出水中的悬浮固体导致土壤堵塞的可能性更大,而一级处理出水的悬浮固体则不易造成明显的堵塞,这与二级处理出水悬浮固体中惰性成分较多有关。污水流经土壤时,悬浮物和胶体物质被过滤、截留在土壤颗粒的孔隙中与水分离。

②有机物。BOD 在土地处理系统中主要通过土壤表层的过滤、吸附作用被截留下来,土壤的透气性良好,土壤微生物一般集中在表层 50cm 深度的土壤中。通过驯化,可以较大幅度提高土地处理系统的有机负荷。对于某些处理易生物降解工业废水的土地处理系统,进水 BOD 浓度在大于 1000mg/L 或者更高的情况下,系统仍能有效地运行。而城镇污水有机物浓度一般远低于上述值,难降解有机物一般不会对土地处理系统的地下含水层产生不良影响。因此,采用土地处理系统净化城镇污水中的有机物是没有问题的。各种土地处理系统处理城镇污水时使用的典型有机负荷如表 3-1 所示。

表 3-1　各种土地处理系统处理城镇污水时使用的典型有机负荷

工　艺	慢速渗滤	快速渗滤	地表漫流	地下渗滤
BOD/[kg/(hm² · a)]	370～1830	8000～40000	2000～7500	5500～22000

但如果城镇污水中包括了化学工业、制药工业、石化工业等行业的工业废水,对这种混有工业废水的城镇污水采用土地处理

工艺时,应重视污水中的这些难降解的有毒有害化合物。

③氮和磷。氮在土地处理系统中主要通过植物吸收、微生物脱氮等方式被去除。土壤微生物脱氮是土地处理系统中氮去除的主要途径之一,在慢速渗滤和地表漫流系统中,作物吸收也是氮去除的一个重要方面;磷主要通过植物吸收、化学沉淀(与 Ca^{2+}、Al^{3+}、Fe^{3+} 等形成溶物)、吸附等方式去除。土壤对磷的吸附容量与土壤中所含的黏土、铝、铁和钙等化合物的数量以及土壤的 pH 值有关。矿物质含量高、pH 值偏酸性、具有良好团粒结构的土壤,对磷的吸附容量大。而有机质含量多、pH 值中性、具有粗团粒结构的土壤,对磷的吸附容量小。对于慢速渗滤系统及地表漫流系统,由于经常收割,植物根系对磷的吸收约占总输入的 $20\% \sim 30\%$。慢速渗滤、快速渗滤以及地下渗滤系统,只要发生渗透和侧渗过程,污水中的磷有机会接触大量土壤表面,吸附和沉淀作用就成为土地处理系统中磷净化作用的主要因素。而漫流系统由于土壤渗透性小,污水中磷与土壤接触的表面积不大,因而吸附和沉淀作用受到一定的限制。

④病原体。土地处理系统可吸附杀死病原体,去除率在 95%以上。[1]

⑤重金属。污水中的重金属元素包括 Hg、As、Cr、Pb、Cd、Cu、Zn、Ni 等,主要通过化学沉淀、吸附和植物吸收等方式被去除。有必要对投配到土壤中的金属元素浓度尤其是重金属元素加以限制。使土壤 pH 值保持 6.5 以上,以使其呈难溶化合物形式存在,把重金属的毒性降至最低程度。

经上述净化过程,污水中的悬浮固体、有机物、植物营养素(N、P)、重金属以及病原微生物得到有效去除。但其去除机理和效果与相应的系统工艺过程有关。

---

① 王有志. 水污染控制技术. 北京:中国劳动社会保障出版社,2010:225

二、水污染土地净化基本工艺

土地净化根据净化目标、净化对象的不同,将水污染土地净化系统分为快速渗滤、慢速渗滤、地表漫流和地下渗滤四种主要工艺类型。各种工艺对污水净化程度、工艺参数等方面存在着一定的差异。

(1)快速渗滤系统(rapid rate infiltration system,RI 系统)

污水快速渗滤土地净化系统是将污水有控制地投配到具有良好渗滤性能的土壤表面,污水在向下渗滤的过程中,通过过滤、沉淀及化学反应等一系列作用而使污水得到净化,机理与间歇运行的"生物砂滤池"相似,见图 3-1。投配到系统中的污水快速下渗,部分被蒸发,部分渗入地下。快速渗滤系统通常淹水、干化交替运行,以便使渗滤池处于厌氧和好氧交替运行状态,通过土壤及不同种群微生物对污水中组分的阻截、吸附及生物分解作用等,使污水中的有机物、氮、磷等物质得以去除。

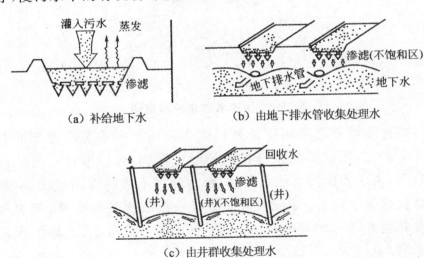

(a) 补给地下水　　　　　(b) 由地下排水管收集处理水

(c) 由井群收集处理水

图 3-1　快速渗滤系统示意图

快速渗滤法的主要目的是补给地下水和污水再生回用。用于补给地下水时不设集水系统,用于污水再生回用时,需设地下集水管或井，以收集再生水。

进入快速渗滤系统的污水应当进行适当的预处理，以保证有较大的渗滤速度和消化速率。一般情况下，污水经过一级净化处理就可以满足要求。如果可供使用的土地有限，需加大渗滤速率，或要求高质量的出水水质时，则应以二级净化处理作为预处理。

（2）慢速渗滤系统（Slow rate Infiltration System，SR 系统）

SR 系统是将污水投配到种有植物的土壤表面，污水流经土壤表面并垂直渗滤，从而使污水得到净化的土地净化工艺，见图 3-2。在慢速渗滤系统中，污水的投配方式多采用畦灌、沟灌及可移动的喷灌系统。投配的污水部分被作物吸收，部分渗入地下，部分蒸发散失。

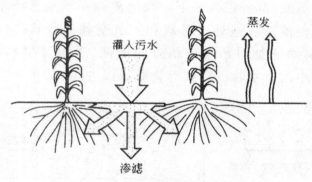

图 3-2　慢速渗滤系统示意图

慢速渗滤系统适用于处理村镇生活污水和季节性排放的有机工业废水，通过收割系统种植的经济作物，可以取得一定的经济收入；由于投配污水的负荷低，污水通过土壤的渗滤速度慢，水质净化效果非常好。但是，慢速渗滤系统表面种植作物，受季节和植物营养需求的影响很大。此外，其水力负荷小、土地面积需求量大。

（3）地表漫流系统（Overland Flow System，OF 系统）

OF 系统是将污水定量地投配到生长着茂密植物、坡度缓和且土壤渗透性差的土地上，污水呈薄层缓慢地在地表上流动的过程中得到净化的一种工艺类型,见图 3-3。

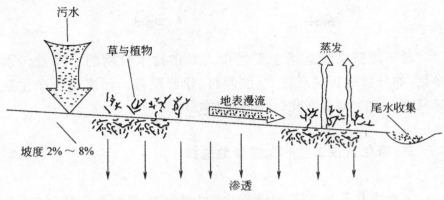

图 3-3 地表漫流系统

地表漫流系统对污水预处理程度要求低,出水以地表径流收集为主,对地下水的影响最小。处理过程中只有少部分水量因蒸发和入渗地下而损失掉,大部分径流水汇入集水沟。采用何种灌溉方法取决于土壤性质、作物类型、气象和地形。污水地表漫流土地净化植物选择以根系发达,耐污性强,固定吸收污染物强的植物为主。

地表漫流系统适用于处理分散居住地区的生活污水和季节性排放的有机工业废水。它对污水预处理程度要求低,处理出水可达到二级或高于二级处理的出水水质;投资省,管理简单;地表可种植经济作物,处理出水也可用于回用。但该系统受气候、作物需水量、地表坡度的影响大,气温降至冰点和雨季期间,其应用受到限制,通常还需考虑出水在排入水体以前的消毒问题。

(4)地下渗滤系统(Subsurface Wastewater Infiltration System,SWI 系统)

SWI 系统是将污水投配到距地面约 0.8m 深,有良好渗透性的地层中,借助植物毛细管浸润和渗透作用,使污水向四周扩散,通过过滤、沉淀、吸附和生物降解作用等过程使污水得到净化。

污水地下渗滤土地净化系统运行的主要技术经济参数为:净化出水指标 BOD<20mg/L,COD<70mg/L,SS<20mg/L。经济

指标:一次性投资相当于二级生化治理工程的$\frac{1}{2}$,运转费仅为其$\frac{1}{5}$。

地下渗滤系统适用于无法接入城市排水管网的小水量污水净化,如分散的居民点住宅、度假村、疗养院等。污水进入净化系统前需经化粪池或酸化(水解)池预处理。

三、净化系统工艺和工艺参数选择

土地净化系统工艺的选择中,可根据处理水水质情况、结合土壤及植物的实际情况和对污水净化程度的要求等来进行的。根据需要有时采用复合土地净化系统,如地表漫流与湿地净化相组合。

表 3-2 给出了污水土地处理系统各种工艺的特性与场地特征;表 3-3 给出了污水土地处理系统各种工艺的处理效果。

表 3-2 污水土地处理系统各种工艺的特性与场地特征

工艺特性	慢速渗滤	快速渗滤	地表漫流	地下渗滤
投配方式	表面布水高压喷洒	表面布水	表面布水或高低压布水	地下布水
水力负荷/(cm/d)	1.2～1.5	6～122	3～21	0.2～0.4
预处理最低程度	一级处理	一级处理	格栅筛滤	化粪池、一级处理
投配污水最终方向	下渗、蒸发	下渗、蒸发	径流、下渗、蒸发	下渗、蒸发
植物要求	谷物、牧草、森林	无要求	牧草	草皮、花木
适用气候	较温暖	无限制	较温暖	无限制
达到处理目标	二级或三级	二、三级或回注地下水	二级、除氮	二级或三级

续表

工艺特性	慢速渗滤	快速渗滤	地表漫流	地下渗滤
占地性质	农、牧、林	征地	牧业	绿化
土层厚度/m	>0.6	>1.5	>0.3	>0.6
地下水埋深/m	0.6~3.0	淹水期:>1.0 干化期:1.5~3.0	无要求	>1.0
土壤类型	沙壤土、黏壤土	沙、沙壤土	黏土、黏壤土	沙壤土、黏壤土
土壤渗滤系数	≥0.15,中	≥5.0,快	≤0.5,慢	0.15~5.0,中

表 3-3　污水土地处理系统各种工艺的处理效果[①]

污水成分	慢速渗滤[②]		快速渗滤[③]		地表漫流[④]		地下渗滤	
	平均值	最高值	平均值	最高值	平均值	最高值	平均值	最高值
BOD_5/(mg/L)	<2	<5	5	<10	10	<15	<2	<5
SS/(mg/L)	<1	<5	2	<5	10	<20	<1	<5
TN/(mg/L))	3[⑤]	<8[⑥]	10	<20	5[⑦]	<10	3	<8

---

①　负荷的取值参见表 3-2。

②　投配水为一级或者二级处理出水,渗滤土壤为 1.5m 深的非饱和土壤。

③　投配水为一级或者二级处理出水,渗滤土壤为 4.5m 深的非饱和土壤;总磷和大肠菌群的去除率随深度的增加而增加。

④　投配水为格栅出水,地表漫流的斜坡长度为 30~36m。

⑤　出水浓度取决于负荷和栽种的植物。

⑥　在冬季操作条件下,或者投配水为二级处理出水且采用较高的负荷时,出水浓度会变高。

⑦　在冬季操作条件下,或者投配水为二级处理出水且采用较高的负荷时,出水浓度会变高。

污水成分	慢速渗滤		快速渗滤		地表漫流		地下渗滤	
	平均值	最高值	平均值	最高值	平均值	最高值	平均值	最高值
NH_3-N/ (mg/L)	<0.5	<2	0.5	<2	<4	<6	<0.5	<2
TP/ (mg/L)	<0.1	<0.3	1	<5	4	<6	<0.1	<0.3
大肠菌群/ (个/L)	0	$<1\times10^2$	$<1\times10^2$	$<1\times10^3$	$<1\times10^3$	$<1\times10^4$	0	$<1\times10^2$

第二节　人工湿地净化

一、人工湿地净化概述

湿地是地球表层的地理综合体,是陆生生态与水生生态之间的过渡地带,其基质(土壤、砂、卵石等)在一年中大部分时间处于水饱和状态或被浅水所淹没,长期或间歇地生长有水生植物。湿地也被称作地球的"肾",是地球上的重要自然资源。《中国自然保护纲要》(1987年)定义:"沼泽是陆地上有薄层积水或间隙性积水,生长有沼生、湿生植物的土壤过渡地段,其中有泥炭积累。沼泽称为泥炭沼泽。海涂即沿海滩涂,有时称盐沼。国际上常把沼泽和海涂称为湿地。"以上所指都属于天然湿地。

湿地分天然湿地和人工湿地两大类。天然湿地生态系统极其珍贵,而面对人类所需处理的大量污水它能承担的负荷能力有极大的局限性,因而不可能大规模地开发利用。人工湿地是为处理污水人为设计建造的、工程化的湿地系统,是通过人工挖掘,增加水负荷,并移栽植物形成的。1953年,德国 MxaPlnaCk 研究所的 Dr. Ka、heseidel 博士在研究中发现芦苇能够去除污水中大量的有机和无机物质,随后开发出 Mxa-PlnaCk Institute Process 系统。1977 年由 Kickyth 提出了"根区法"(采用栽种芦苇的水平潜流湿地使有机物降解,硝化反硝化去除 N,沉淀去除 P),标志着人工湿地污水处理机理的初步萌芽。同时,美国的国家空间技术实验室研究开发了"厌氧微生物和芦苇处理污水"复合系统。此后,人工湿地处理污水技术不断完善并得到了广泛的应用。如我国先后在北京昌平、深圳白泥坑、漳州市地等建立人工湿地,进行厂外废水治理,处理效果良好。

人工湿地系统是通过人为地控制条件,利用湿地复杂特殊的物理、化学和生物综合功能净化废水的一种新型的水处理工艺在许多国家被广泛应用。特别适用于远离城市污水处理厂的市区、公园别墅及小城镇居民区的污水处理,结合透水性铺装及其他排水设施,可以很好地解决城市景园自身用水及污水处理的难题。若运行管理得当,它将会带来很高的经济效益、环境效益和社会效益。

人工湿地法与传统的污水处理法相比,其优点与特点如下。

①处理污水高效性。人工湿地处理废水效果稳定、有效、可靠,出水 BOD_5、SS 等明显优于二级生物处理出水,可与废水三级处理媲美,其脱磷与脱氮能力强。此外,它对废水中含有的重金属及难降解有机污染物有较高净化能力。

②系统组合具有多样性、针对性,能够灵活地进行选择。人工湿地污水处理系统一般由人工基质和水生植物组成。

③投资少、建设与运营成本低。建设费用一般为二级生物处理的 $\frac{1}{3} \sim \frac{1}{4}$,甚至 $\frac{1}{5}$。能耗省,运营成本低,为生物处理的 $\frac{1}{5} \sim \frac{1}{6}$。

④有独特的绿化功能。既能净化污水,又能美化景观,形成良好生态环境,为野生动植物提供良好的生境。

另外还有运行操作简单、适用范围广等优点。

但也存在明显的不足,占地面积较大,对恶劣气候条件抵御能力弱,净化能力受作物生长情况的影响大,容易产生淤积、饱和现象,也可能需要控制蚊蝇孳生等。

二、人工湿地净化机理

人工湿地是人工建造和监督控制的、工程化的湿地，是由水、永久性或间歇性处于饱和状态下的基质以及水生生物所组成，具有较高生产力和较大活性的生态系统。

（一）基质、植物和微生物在人工湿地系统中的作用

（1）基质

基质又称填料或滤料，一般由土壤、细沙、粗砂、砾石、碎瓦片或灰渣等构成。基质不仅为植物和微生物提供生长介质，还通过离子交换、沉淀、过滤和专性与非专性吸附、整合等作用直接去除污染物。

（2）植物

植物是湿地中最重要的去污成分之一。具有三个间接的重要作用。

①显著增加微生物的附着（植物的根、茎叶）。

②湿地中植物可将大气氧传输到根部。

③增加或稳定土壤的透水性。

湿地中植物一般应具有处理性能好、成活率高、抗水能力强且具有一定美学和经济价值的水生植物，常用于湿地处理的植物是生长快、生物量大、吸收能强的水生草本植物。包括挺水植物（芦苇、灯心草、香蒲等）、沉水植物和浮水植物（如浮萍）。大型挺水植物在人工湿地系统中主要起固定床体表面、提供良好的过滤条件、防止湿地被淤泥淤塞、为微生物提供良好根区环境以及冬季运行支撑冰面的作用。湿地中植物可将大气氧传输到根部，根部直接从水体中吸收养分与元素，并对悬浮颗粒产生过滤与吸附效果。但总的来说，植物通过吸收带走的养分与金属（如 Al、Fe、Ba、Cd、Co、B、Cu、Mn、P、Pb、V、Zn 等）量一般情况下都只能占污水中总量的一小部分，而且被吸收的量大部分还聚积在根内。因

此,微生物除磷主要是通过强化后对磷的过量积累来完成的。要选择植物根系发达,长势越好、密度越大,能持续成熟的植物才能对水有较好的净化污水。

（3）微生物

微生物是人工湿地净化废水不可缺少的重要部分,在湿地养分的生物化学循环过程中往往起核心作用,它们不仅对污染物起吸收与降解作用,而且还能捕获溶解的成分给自身或植物共生体利用,实现变废为宝。

例如,好氧与厌氧细菌能分解污水中的有机废物,藻类能利用废水中的养分;细菌能将硫化铁氧化成 Fe^{3+} 和 SO_4^{2-};甲烷菌能将碳酸盐转变成甲烷等;真菌主要在植物根表形成菌根吸收养分;藻类对养分方面有时也能起到短期吸收固定,再随后缓慢释放与循环的作用;丝状藻控制着湿地水体的 DO 与 CO_2 浓度及其 pH 值日变化。

（二）人工湿地系统净化废水的作用机理

（1）有机物的去除

进入湿地的有机物包括不溶性与可溶解性胶体两大类。不溶性有机物通过湿地的沉淀、过滤作用,可以很快地被截留而被微生物利用,可溶性有机物则通过植物根系生物膜的吸附、吸收及生物代谢降解过程而被分解去除。因此,有机物是以沉降、过滤及微生物等机制去除。人工湿地对有机污染物具有较强的去除能力,一般 BOD 的去除率在 $85\%\sim95\%$ 之间,对 COD 的去除率可达 80% 以上。

（2）脱氮过程

湿地系统中废水中氮的去除有复杂的过程和反应,可经过下列过程而被去除:①氮被填料吸附,并发生离子交换作用;②微生物合成代谢形成新细胞;③生物硝化、反硝化;④植物吸收与合成代谢;⑤NH_3 的挥发而逸入大气;⑥渗入地下水和进入地表水体。经过湿地系统处理氮的去向可以用图 3-4 表示。

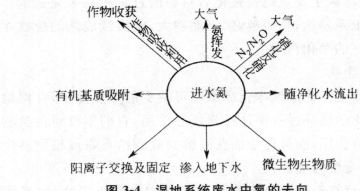

图 3-4 湿地系统废水中氮的去向

（3）磷的去除

湿地系统中，除磷主要有如下途径：作物吸收磷、生物反应除磷和物理化学作用，物理化学作用包括磷的吸附及填料与磷酸根离子的化学反应，如废水中的钙离子、铁离子、铝离子与磷结合而产生沉淀。

在湿地系统中磷量的平衡可表示如下：

进入系统磷的总量＝出系统的净化水中的含磷量＋作物（如芦苇等）吸收磷的量＋基质截留磷的量

上式中，右边三者的比例约为 13%：17%：70%，可见绝大部分的磷被基质所吸收。

水生植物对磷的吸收与稳定化作用与水中含碳化合物有关。当碳与磷质量比为 150：1，磷能被同化而成为生物量。作物吸收的磷，在其衰老死亡时能将作物磷的 35%～75% 快速释出，因而应及时收割作物。基质吸收磷及对磷的沉积作用则与基质的 pH 值及基质的结构有关，当基质为土壤时，土壤中的铁与铝的含量及其化学形态对磷的沉淀积累起重要影响作用。土壤中平均含铁 2%～4%，铝 5%～7.5%。在正常情况下，pH 接近于中性，且在常温情况下，铁和铝的溶解是十分缓慢的，故实际上仅有一部分的磷可以沉淀、积累于土壤中。

三、人工湿地的类型

人工湿地一般分为 3 种类型：自由水面（敞流、表面流）型、地下水流（潜流）型和潜流渗滤型。

（一）自由水面湿地

自由水面湿地（图 3-5），即敞流型湿地。在湿地表面布水，维持一定的水层厚度，水流呈推流式前进，整个湿地表面形成一层水流，流至终端，完成整个净化过程。但其表层需经人工平整置坡，底部不封底，土层不扰动。主要特点是废水在填料表面形成漫流，水位较浅，水力负荷较低。一般为 10～30cm。这种湿地流态与天然湿地较为接近，有利于废水的自然复氧，但处理效果不理想，不能充分利用填料及植物根系的作用，容易生长蚊蝇，产生臭味，影响景观。

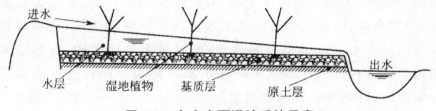

图 3-5　自由水面湿地系统示意

（二）地下水流湿地

地下水流湿地又称潜流型湿地（图 3-6）。它由土壤、植物（如芦苇、香蒲等）组成。基本架构为一洼地槽体，填充约 40～60cm 厚的可透水性砂土或碎石为湿地底部的介质，床底有隔水层，纵向置坡度。废水从布水沟投入床内，沿介质下部潜流呈水平渗滤前进，从出水沟流出，完成整个净化过程。在出水端砾石层底部设置多孔集水管，可与能调节床内水位的出水管连接，以控制、调节床内水位。

在地下水流湿地中，污水在湿地床的内部流动，一方面可以充分利用填料表面生长的生物膜、丰富的植物根系及表层土和填料截留等作用，以提高其处理效率；另一方面则由于水流在地表以下流动，故保温性较好，处理效果受气候影响小，卫生条件较好。

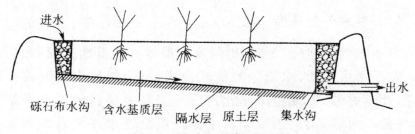

图 3-6　地下水流湿地示意

（三）渗滤湿地

渗滤湿地采取地表布水，通过地表与地下渗滤过程中发生的物理、化学和生物反应便废水得到净化，见图 3-7。向湿地表面布水，一般来说，土壤的垂直渗透系数高于水平渗透系数，在湿地构筑时引导废水不仅呈垂直向流动，而且呈水平向流动，在湿地两侧地下设多孔集水管以收集净化出水。此类湿地可延长废水在土壤中的停留时间，提高出水水质。

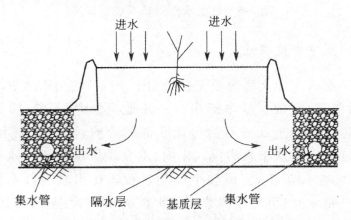

图 3-7　通过集水管出流的渗滤湿地示意

四、人工湿地工程应用实例

(一)天津城市污水湿地处理工程

天津城市污水湿地处理工程总共占地 20hm²,处理城市污水量 1200～1800m³/d。工程以芦苇湿地为主体,包括渗滤湿地、自由水面湿地、天然湿地及人工芦苇床湿地,并有相应的稳定塘与鱼塘等单元。预处理采用一级沉淀池加稳定塘。

各种类型人工湿地的工艺参数如下所列。

HRT(水力停留时间):渗滤湿地 HRT＞10d;自由水面湿地 HRT 为 2～4d;天然湿地 HRT＜10d。

水深:30～40cm(其中 15～20cm 为水层),天然湿地 40～80cm。

进水水温:＞7℃。

进水方式:连续布水。

该人工湿地运转情况如下所述。

(1)人工芦苇床

平均水力负荷 6.2cm/d,有机负荷 9.09gBOD$_5$/(m²·d)。净化效果:BOD$_5$ 90％,SS 91.6％,NH$_3$－N 76.2％,TP 87.9％,洗涤剂 LAS 94.6％,氯苯类 81.9％,氯酚类 82.3％,农药类 89.1％,其他苯类 95.0％,大肠杆菌和粪大肠菌平均去除率 99.0％。经测定,芦苇的维管束系统的根部最大输氧速率为 28.8g O$_2$/(m³·d),据此可估算出人工芦苇床的有机物负荷,可达 121.5kg BOD$_5$/(hm²·d)以及氮负荷 24.3kg NH$_3$－N/(hm²·d)。芦苇床根区的硝化－反硝化作用是氮去除的主要作用,占 70％;芦苇吸收量仅占 2％。磷去除主要靠土壤物化截留作用,占 70％;芦苇吸收 17％。

(2)自由水面湿地系统

占地面积 5845.7m²,分成 5 组不同长宽比的床块,坡降 0.2％,芦苇种植密度 207 株/m²,平均直径 0.5cm,表土上层有厚

5cm 的"根毡层"。该湿地系统采用"土壤生物活性"作为设计依据,湿地处理废水量 200m³/d。进水 BOD_5 为 150mg/L,水力负荷为 150~200m³/(hm²·d),投配率 6.2cm/d,有机负荷 90.9kg BOD_5/(hm²·d),出水水质相当于二级处理水平,BOD_5 去除率 90%,SS 91.6%。

(3)渗滤湿地

处理废水量 1000m³/d,水流方向既有垂直向又有水平向,设集水管,埋深 1.0~1.5m,在布水区外侧水平距离 1.0m 可连续布水及出水。水力负荷 3~6cm/d 或 11~18m/a。BOD_5 去除率为 90%~98%,SS 为 85%~100%,COD 为 65%~80%,TN 为 81%,TP 为 89%,出水 BOD_5<15mg/L,SS<20mg/L 相当于或优于二级处理水平。

(二)北京昌平人工湿地

我国在"七五"期间开始进行人工湿地研究,首例是 1988~1990 年在北京昌平进行的自由表面流湿地。该湿地面积为 2hm²,进水为生活污水和工业废水的混合废水,规模为 500t/d,水力负荷为 4.7cm/d,HRT 为 4.3d,BOD 负荷为 59kg BOD_5/(hm²·d)。去除效果见表 3-4 所列。

表 3-4　北京昌平人工湿地的污水处理效果

项目	COD	BOD_5	TOC	SS	TN	NH_3-N	TP
进水/(mg/L)	547.0	125.0	76.7	257.0	14.4	4.8	0.94
出水进水/(mg/L)	103.0	17.8	28.2	17.0	5.1	1.95	0.42
去除率/%	81.2	85.8	63.2	93.8	64.4	59.4	55.1

(三)深圳市宝安区白泥坑人工湿地工程

深圳市宝安区白泥坑人工湿地工程建于 1990 年,设计服务人口 7000~10000 人,设计废水量 3150m³/d,其中包括部分初期截留的污染较重的雨水。进水水质:BOD_5 为 80~120mg/L,SS

为 $80\sim90mg/L$，TN 为 $25\sim30mg/L$，TP 为 $6\sim10mg/L$。出水水质：BOD_5 及 $SS<30mg/L$，$NH_3-N<15mg/L$，$P<0.5mg/L$。

工艺流程：

废水→潜流芦苇床（三床并联）→潜流芦苇床（二床并联）→氧化塘（三塘并联）潜流芦苇床（三床并联）→出水

第一级潜流芦苇床介质层浅，深仅 $40\sim50cm$。第二级介质深 $50\sim60cm$。氧化塘深 1.5m。第四级湿地的介质层深 $70\sim100cm$。具有反硝化作用。

湿地底坡度从 $0.5°$ 到 $3°$ 不等。该人工湿地系统的工艺流程长，系统出水水质的 BOD_5 和 SS 均能达到设计要求。关键在于氧化塘出水的藻类是否对后继的湿地有堵塞影响。此外，南方夏天气温高，故需妥善控制水位，以降低地温，防止对作物有不良影响。[1]

第三节　稳定塘净化

污水稳定塘对控制水污染将起到重要作用。人类应用稳定塘净化污水已有 3000 多年的历史，美国得克萨斯州的圣安尔尼奥市 1901 年修建的稳定塘系统是世界上第一个有记录的稳定塘系统。由于稳定塘构造简单、基建费用低，运行维护管理容易、运行费低、对污染物的去除效率高等特点而被越来越多地采用。尤其从上个世纪四五十年代开始，受全球能源危机的影响，国际上对稳定塘技术的研究给予了足够的重视，并在实践中大范围推广。

稳定塘是以塘为主要构筑物，利用自然生物群体净化污水的净化设施。污水稳定塘系统由预处理兼性塘、好氧塘或曝气塘生

---

[1]　田禹，王树涛. 水污染控制工程. 北京：化学工业出版社，2010：204—210

物塘等串联组合而成,对净化有机物浓度较高的城镇污水或工业废水的塘系统,可由预处理厌氧塘、兼性塘、好氧塘或曝气塘生物塘串联而成。

一、稳定塘的生态结构

稳定塘又称氧化塘或生物塘,是在经过人工修整的土地上,设围堤和防渗层的污水池塘,是一种构造简单、易于管理、处理效果稳定可靠的污水自然生物处理设施。污水在塘内停留时间较长,其有机物通过微生物的代谢活动而被降解。

稳定塘内存在着不同类型的生物,构成了稳定塘内的生态系统,稳定塘内的环境条件不同,则生态系统也各有特点。稳定塘内最基本的生态结构为菌藻共生体系,其他水生植物和水生动物都只是起到辅助净化的作用。稳定塘内基本的生态结构如图 3-8 所示。

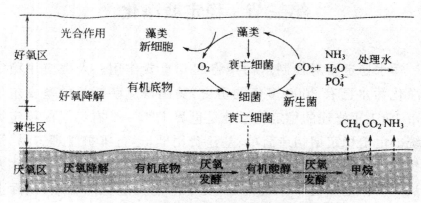

图 3-8 兼性稳定塘的生物反应示意图

(一)稳定塘内的菌藻共生结构

稳定塘内有机底物的降解反应式为:

$$C_{11}H_{29}O_7N + 14O_2 + H^+ \rightarrow 11CO_2 + 13H_2O + NH_4^+$$

反应式中,每降解 1g 有机底物需氧 1.56g,放出 1.69gCO_2,0.82gH_2O 和 0.06gNH_4^+。

藻类的光合作用,就是在光能的作用下,将 CO_2 和 H_2O 合成自身细胞物质并放出氧的过程。若以 $C_{106}H_{263}O_{110}N_{16}P$ 作为藻类分子近似式,则藻类的光合反应式为:

$$106CO_2 + 16NO_3^- + HPO_4^{2-} + 122H_2O + 18H^+$$
$$\rightarrow C_{106}H_{263}O_{110}N_{16} + 138O_2$$

反应式中,每合成 1g 藻类,释放出 1.244g 氧。

由上述细菌降解底物和藻类光合作用过程可以看出,细菌降解底物所需的氧可由藻类光合作用提供,而藻类光合作用所需的 CO_2 又可由细菌降解底物提供,两者在稳定塘内形成了互相依存、互相制约的共生关系。

(二)稳定塘内的食物链

在稳定塘内,从食物链来考虑,细菌、藻类以及适当的水生植物是生产者,微型动物可成为细菌和藻类的捕食者,鱼类是细菌、微型动物和藻类的捕食者,大型藻类和水生植物又是水禽的饲料,故鱼和水禽处在最高营养级。在稳定塘内,就是要保证各营养级间数量关系适宜,建立良好的生态平衡。稳定塘内的主要食物链网如图 3-9 所示。[①]

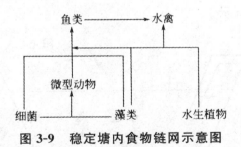

图 3-9　稳定塘内食物链网示意图

二、稳定塘的分类与设计要点

根据塘水中的溶解氧量和生物种群类别及塘的功能,可分为

---

① 王郁.水污染控制工程.北京:化学工业出版社,2007:474—475

厌氧塘、兼性塘、好氧塘、曝气塘、生物塘等。根据净化后达到的水质标准,可分为常规净化塘和深度净化塘。

各种类型的稳定塘有各自的特点,将各种不同的稳定塘按适当的方式组合,往往比单独塘的净化效果好。在稳定塘净化系统中,每一个单塘设计的最优,不能代表塘系统整体的最优,如何使稳定塘系统整体上达到净化效果最佳,经济上最合理,是稳定塘系统设计的关键。

(一)好氧塘

好氧塘适于净化 BOD_5 小于 100mg/L 的污水。通常与其他塘(特别是兼性塘)串联组成塘系统,在部分气温适宜地区也可以自成系统。其功能和设计目标是使塘的出水水质至少达到常规二级净化处理水平。

好氧塘的水深一般在 0.5m 左右,阳光能够直透塘底。塘内的藻类与透过的阳光进行光合作用,合成新的藻类,在水中放出游离氧。好氧微生物利用藻类放出的游离氧,通过代谢作用对有机污染物进行降解,使污水得到净化,而在代谢活动中所产生的 CO_2 又为藻类光合作用所利用,在塘内形成藻—菌共生生态系统,如图 3-10 所示。

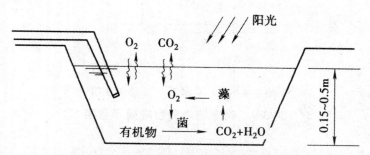

图 3-10 好氧塘的作用机理示意图

藻类是氧化塘的主要供氧者,不同的藻类放出的游离氧的数量不同。一般在午后氧化塘溶解氧可高至过饱和,而午夜至凌晨可低至 0.5mg/L 以下。塘内的 pH 值也是变化的,白天,塘水中 CO_2 被利用的速度大于生速度,pH 值升高;夜间,藻菌共同呼吸

而释出 CO_2，pH 值下降。

一般污水在塘内停留时间为 $2\sim6d$，BOD_5 的去除率可达 80％以上。好氧塘出水中含有大量藻类，排放前要经沉淀或过滤等去除。

好氧塘工艺设计的经验值如下。

①好氧塘多采用矩形，表面的长宽比为 $3:1\sim4:1$，一般以塘深的 $\frac{1}{2}$ 处的面积作为计算塘面。塘堤的超高为 $0.6\sim1.0m$。

②塘堤的内坡坡度为 $1:2\sim1:3$（垂直:水平），外坡坡度为 $1:2\sim1:5$（垂直:水平）。

③好氧塘可由数座串联构成塘系统，也可采用单塘。

④作为深度净化塘的好氧塘总水力停留时间应大于 15 日。

⑤好氧塘可采取设置充氧机械设备、种植水生植物和养殖水产品等强化措施。

（二）厌氧塘

厌氧塘一般在污水 $BOD_5>300mg/L$ 时设置，通常置于塘系统的首端，其功能是充分利用厌氧反应高效低耗的特点去除有机物负荷，改善原污水的可生化性，保障后续塘的有效运行。因此，该塘的设计不以出水达到常规二级净化处理水平为目的，而以尽可能少占地，达到尽可能高的有机物去除率为目标。

厌氧塘深一般在 $2.5\sim5.0m$，塘内呈厌氧状态，有水解产酸菌、产氢产乙酸菌和产甲烷菌在塘内共存。应控制塘内的有机酸浓度在 $3000mg/L$ 以下，pH 值为 $6.5\sim7.5$，进水的 $BOD_5:N:P=100:3.5:1$，硫酸盐浓度应小于 $500mg/L$，以使厌氧塘能正常运行。进入厌氧塘的可生物降解的颗粒性有机物，先被水解为可溶性有机物，再通过产氢产乙酸菌转化为 H_2、乙酸及 CO_2 等，产甲烷菌将 H_2、乙酸及 CO_2 转化为 CH_4 等最终产物，如图 3-11 所示。

厌氧塘设计的主要经验数据如下。

①有机负荷一般采用 BOD_5 表面负荷。净化城市污水的建

议负荷值为 $200\sim400kg/(100m^2 \cdot d)$。工业废水的负荷应通过试验确定。

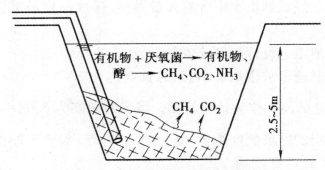

图 3-11　厌氧塘作用机理示意图

②厌氧塘一般为矩形,长宽比为 $2:1\sim2.5:1$。单塘面积不大于 $4\times10^4m^2$。塘水有效深度一般为 $2.0\sim4.5m$,储泥深度大于 $0.5m$,超高为 $0.6\sim1.0m$。

③厌氧塘通常采用单级,为清淤方便且不影响运行,厌氧塘宜采用并联形式,并联数目不少于 2 个。厌氧塘并联数目不宜少于 2 座。净化高浓度有机废水时宜采用二级厌氧塘串联运行。在人口密集区不宜采用厌氧塘。

④厌氧塘可采取加设生物膜载体填料、塘面覆盖和在塘底设置污泥消化坑等强化措施。厌氧塘深度较大,一般需进行防渗处理,以防止污染地下水。

⑤厌氧塘应从底部进水和淹没式出水。当采用溢流出水时在堰和孔口之间应设置档板。上向流有利于提高厌氧净化效率,因此,厌氧塘的结构应有利于上向流的形成。为此,厌氧塘进水口应在接近塘底 $0.6\sim1.0m$ 处设置,出水口则应接近水面,在淹没深度大于 $0.6m$ 且不小于冰冻层或浮渣层厚度处设置。

厌氧塘多用于处理高浓度、水量不大的有机废水,如肉类加工、食品工业、牲畜饲养场等废水。由于城市污水有机物含量较低,一般很少采用厌氧塘处理。此外,厌氧塘的处理水,有机物含量仍很高,还需要进一步通过兼性塘和好氧塘处理。

另外,厌氧塘还能起到污水初次沉淀、污泥消化和污泥浓缩作用,存在的问题是无法回收甲烷,产生臭味,环境效果差。

(三)兼性塘

兼性塘是目前世界上应用最广泛的污水净化塘,宜净化 BOD_5 在 $100\sim300mg/L$ 之间的污水。由于厌氧、兼性和好氧反应功能同时存在,兼性塘既可与其他类型的塘串联构成组合塘系统,也可以自成系统来达到出水达标排放之目的。

兼性塘水深一般为 $1.0\sim2.0m$。塘内存在不同的区域。上层是阳光能透射到的区域,溶解氧充足,藻类光合作用旺盛,好氧微生物活跃,为好氧区;塘的底部有污泥积累,溶解氧几乎为零,厌氧微生物占优势,对沉淀于塘底的有机物进行代谢,为厌氧区;中部则为兼性区,溶解氧不足,兼性微生物占优势,随环境变化以不同方式对有机物进行分解代谢。兼性塘的作用机理如图 3-12 所示。

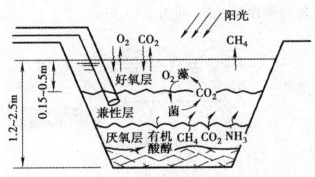

图 3-12　兼性塘作用机理示意图

兼性塘的经验值如下。

①兼性塘一般采用矩形,长宽比 $3:1\sim4:1$。塘的有效水深为 $1.2\sim2.5m$,超高为 $0.6\sim1.0m$,储泥区高度应大于 $0.3m$。

②兼性塘的堤坝的内坡坡度为 $1:2\sim1:3$(垂直:水平),外坡坡度为 $1:2\sim1:5$。

③兼性塘可与厌氧塘、曝气塘、好氧塘、水生植物塘等组合成多级系统,也可由数座兼性塘串联构成塘系统。

④兼性塘系统可采用单塘,在塘内应设置导流墙。

⑤兼性塘内可采取加设生物膜载体填料、种植水生植物和机械曝气等强化措施。

兼性塘可以接纳原污水或经预处理的污水，易于运行管理，常作为好氧塘的前级处理塘。

（四）曝气塘

曝气塘是在塘面上安装有人工曝气充氧设备的好氧塘或兼性塘，适用于土地面积有限，不足以建成完全以自然净化为特征的塘系统的场合。其设计目标是使塘出水水质至少达到常规二级净化处理水平。

曝气塘分为好氧曝气塘和兼性曝气塘。当曝气设备足以使塘内污水中所含全部生物污泥处于悬浮状态，并向塘内提供足够的溶解氧时，即为好氧曝气塘。如果曝气设备只能使部分固体物质处于悬浮状态，其余沉积塘底，进行厌氧分解，溶解氧也不满足全部需要，即为兼性曝气塘，如图 3-13 所示。

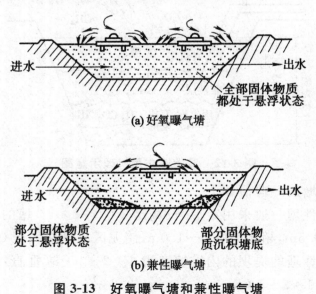

图 3-13　好氧曝气塘和兼性曝气塘

由于经过人工强化，曝气塘的净化功能、净化效果及工作效率都明显高于其他稳定塘。污水在塘内的停留时间较短，曝气塘所需容积和占地面积均较小,但由于采用曝气设备,耗能增加,运行费用也有所提高。[①]

①曝气塘系统宜采用由一个完全曝气塘和 2～3 个部分曝气塘组成的塘系统。

②曝气塘的水力停留时间为 3～10d,有效水深 2～6m。完全曝气塘的比曝气功率应为 5～6W/m³(塘容积)。

③部分曝气塘的曝气供氧量应按生物氧化降解有机负荷计算,其比曝气功率应为 1～2W/m³(塘容积)。

三、稳定塘净化流程与总体布置

(一)净化流程

(1)工艺流程设计原则

污水稳定塘可单独运行,也可与其他净化设施结合使用。选择污水稳定塘工艺流程时,应因地制宜。工艺设计应对污染源控制、污水预处理和净化以及污水资源化利用等环节进行综合考虑统筹设计,并应通过技术经济比较确定适宜的方案。

(2)预处理

预处理设施应包括格栅、沉砂池和沉淀池。若塘前有提升泵站,而泵站的格栅间隙小于 20mm 时,塘前可不另设格栅。原污水中的悬浮固体浓度小于 100mg/L 时,可只设沉砂池,以去除砂质颗粒。原污水中的悬浮固体浓度大于 100mg/L 时,需考虑设置沉淀池。

(3)污水稳定塘系统

稳定塘系统可由多塘组成或分级串联或同级并联。多级塘系统中单塘面积不宜大于 $4.0 \times 10^4 m^2$,当单塘面积大于 $0.8 \times$

---

① 王有志.水污染控制技术.北京:中国劳动社会保障出版社,2010:220-221

$10^4 m^2$ 时应设置导流墙。

(4)污泥净化与处置

沉砂池渠宜采用机械或重力排砂,并应设置贮砂池或晒砂场;污泥脱水可采用污泥干化床自然风干和机械脱水;污泥作为农田肥料使用时,应符合现行的有关规定;污泥作填埋处置时其含水率应小于85%。

(二)总体布置

1.塘址选择原则

①污水稳定塘选址必须符合城镇总体规划的要求,应因地制宜利用废旧河道、池塘、沟谷、沼泽、湿地、荒地、盐碱地、滩涂等闲置土地。

②稳定塘应选在城镇水源下游,并设在居民区下风向200m以外,与居民住宅的距离应符合卫生防护距离的要求。此外,塘应设在机场2km以外的地方,避免鸟类对飞机航行构成危险。

③塘址选择必须考虑排洪设施,并应符合该地区防洪标准的规定。塘址选择在滩涂时,应考虑潮汐和风浪的影响。

④必须对塘址进行地质、水文及环境等方面进行评估。

⑤塘址的土质渗透系数(K)宜小于0.2m/d。

2.布置规划

①稳定塘系统总体布置应紧凑,应充分利用自然环境的有利条件。塘堤外侧应种树绿化,系统外围绿化林带宽度应大于10m。

②系统内的道路宜采用单车道宽度不应小于3.5m;主干道可建双车道,宽度应为6~8m。

③多塘系统的高程设计应使污水在系统内自流,需提升时,宜一次提升。

④为防止浪的冲刷,塘的衬砌应在设计水位上下各0.5m以

上。若需防止雨水冲刷时,塘的衬砌应做到堤顶。①

　　另外,还应注意进、出水,进、出口,风向及防冻等。

参考文献

　　[1]黄维菊.水污染治理与工业安全概论.北京:中国石化出版社,2012.

　　[2]田禹,王树涛.水污染控制工程.北京:化学工业出版社,2010.

　　[3]孙体昌,娄金生.水污染控制工程.北京:机械工业出版社,2009.

　　[2]郭茂新,孙培德,楼菊青.水污染控制工程学.北京:中国环境科学出版社,2005.

　　[5]张宝军.水污染控制技术.北京:中国环境科学出版社,2007.

　　[6]王有志.水污染控制技术.北京:中国劳动社会保障出版社,2010.

　　[7]成官文.水污染控制工程.北京:化学工业出版社,2009.

　　[8]王郁.水污染控制工程.北京:化学工业出版社,2007.

---

　　① 黄维菊.水污染治理与工业安全概论.北京:中国石化出版社,2012:115－120

第四章 污水深度处理

　　水是国民经济的重要资源。随着社会经济快速发展，人口急剧膨胀，生活需水和工农业生产取水逐年增加，工业和生活排污随之大量增长，致使我国水资源日益紧缺、水环境污染普遍严重，水生态质量不断下降。加强污水处理，节约水资源、提高水的重复利用率成为水环境保护及其污水资源化的关键所在。

　　对于城市污水厂或者工业废水处理站，污（废）水经过生化或者物化处理后，仍然含有一定量的污染物。以城市污水处理厂为例，其经过二级生物处理后一般含有 BOD_5 20～30mg/L、COD 60～100mg/L、SS 20～30mg/L、氨氮 15～25mg/L、P 6～10mg/L，此外，还可能含有细菌、重金属以及难降解有机物等。

　　含有上述污染物的处理出水，如果排放水体，会导致水体富营养化；若进行农业灌溉排入农田，会导致农业污染，影响农产品质量。因此，为了满足更严格的排放标准及回用水的水质要求，需要进行深度处理。

第一节 污水深度处理的现状

　　城市污水就近可得，易于收集输送，水质、水量相对稳定，不受气候等自然条件的影响，且具有与城市供水时空同步性的特点。国内外实践经验表明，城市污水经二级处理后，再经过深度处理以实现再生回用，是开源节流、改善生态环境、降低环境污染、缓解水资源供需矛盾的重要节水技术，也是实现污水资源化的重要手段和有效途径之一。污水再生可极大降低排入水体的污染负荷,减轻江河、湖泊污染,具有经济、社会、生态三重功效,对保障城市经济持续发展具有重要的战略意义。我国已有数十座城市建成或正在建设再生水深度处理厂,再生水利用日趋广泛。

第二节　污水深度处理的概念与要求

深度处理是指除去在常规二级处理过程中未被去除的污染物,主要是构成浊度的悬浮物和胶体、微量有机物、氮和磷及细菌等。城市污水经过深度处理后可作为工业回用水或灌入地下经过渗滤,作为生活水源等。

污水的深度处理是污水再生与回用技术的发展,是国民经济的重要资源。随着工业的发展,人口的增长,用水量及排水量逐年增加,使得淡水资源日趋短缺。同时国家对环境保护的严格要求,防止水体污染的要求越来越严格。在淡水资源日趋短缺的情况下,人们对污水的深度处理、利用问题给予了越来越大的关注。污水的深度处理可以提高污水的重复使用率,可以节约大量水资源。

由于二级出水中的 BOD 为 $10\sim20\text{mg/L}$,并含有原生污水中的大部分营养物质氮、磷,及剩余的难降解的毒性较大的有机化合物和过量的无机盐、病菌、病毒等,排入自然水体则会造成水体富营养化。因此需在二级处理后进行深度处理。

污水深度处理的要求如下。

①去除残存的悬浮物和胶体。

②进一步降低 BOD、COD、TOC 以及难降解有机物等。

③去除无机盐类,进行脱氮除磷。

④消毒杀菌。

⑤脱色、除臭。

⑥去除有毒有害物质,如重金属、抗生素等。

第三节 污水深度处理工艺

一、除去悬浮物及细菌

二级出水中的悬浮物及细菌的去除,主要采用过滤和消毒的方法。通过过滤将除去悬浮物,消毒可杀灭细菌,防止在回用水系统中滋生生物黏膜或藻类。

二、除去残余溶解性有机物及色素

水中残余溶解性有机物及色素的去除,常用的方法是采用活性炭吸附或臭氧氧化法。

三、除氮

污水中的氮常以含氮有机物、氨、硝酸盐及亚硝酸盐等形式存在,目前采用的除氮工艺有生物硝化脱氮、脱氨除氮、沸石除氮和氯法除氮四种。

（1）生物硝化脱氮法

污水中的氨态氮和由有机氮分解而产生的氨态氮,在好氧条件下被亚硝酸和硝酸菌作用,氧化成硝酸氮,这个过程称为生物硝化脱氮。反应过程如下。

第一步:生成亚硝酸

$$NH_4^+ + \frac{3}{2}O_2 \Longrightarrow NO_2^- + H_2O + 2H^+$$

第二步:生成硝酸

$$NO_2^- + \frac{1}{2}O_2 \Longrightarrow NO_3^-$$

脱氮过程(反硝化)在厌氧条件下,硝化过程中产生的 NO_2^-、NO_3^- 被脱氮菌(兼性厌氧菌)还原,放出 N_2,这个过程为反硝化。反硝化中的电子供体(氢供体)是各种各样的有机底物(碳源)。以甲醇作碳源为例,其反应式为

$$6NO_3^- + 2CH_3OH = 6NO_2^- + 2CO_2 + 4H_2O$$

$$6NO_2^- + 3CH_3OH = 3N_2\uparrow + 3CO_2 + 3H_2O + 6OH^-$$

还可归纳为下式

$$6NO_3^- + 5CH_3OH = 3N_2\uparrow + 5CO_2 + 7H_2O + 6OH^-$$

可以看出,在生物的反硝化过程中,不仅可使 NO_2^-、NO_3^- 被还原为 N_2 逸入空气中,而且还使有机物氧化分解。

生物硝化脱氮法可去除多种含氮化合物,去除率可达 70%～95%,处理效果稳定,不产生二次污染且比较经济。缺点是占地面积大,低温时效率低,易受有毒物质的影响,且运行管理较麻烦。

(2)脱氨除氮法

以石灰为碱剂,使污水的 pH 值提高到 10 以上,使污水中的氮主要是呈游离氨的形态,逸出散到空气中。反应如下

$$HN_4^+ = NH_3\uparrow + H^+$$

脱氨除氮通常在脱氨塔中进行。投石灰到污水中,使 pH 值提高到 11 左右,当污水从塔上部加入时,高 pH 值的水洒在多级木制栅条上,而从塔的下部大量供入空气,气、液逆向接触,使氨散入大气中。其中,气液比为 3000:1,氨氮的去除率可达 95%。在冬季寒冷季节里,去除率将显著降低,只有 40%～50%,造成经济上不合理。有条件时应鼓入热风,维持温度在 20℃ 以上。

脱氨除氮法处理城市污水,由于采用石灰作碱剂,因此还有杀菌作用。用大剂量的石灰处理城市污水后,必须对处理后的污水进行中和。较经济的方法是通 CO_2 到处理过的污水中,进行再碳酸化,使 pH 值下降,而氢氧化物再转化为碳酸盐和重碳酸盐,使污水处于碳酸钙平衡状态,避免钙垢的沉积。

脱氨除氮去除率可达 65%～95%,流程简单,处理效果稳定,

基建费和运行费较低,可处理高浓度含氨污水。但气温低时效率低,且逸出的氨对环境产生二次污染。

（3）沸石除氮法

沸石除氮法和活性炭一样,沸石内部也有许多细孔,是含有碱土金属、碱金属的铝硅盐矿物群的总称。沸石的细孔对氨的选择吸附性很强,使 NH_4^+-N 污水以 $1.4cm/min$ 左右的速度通过滤层厚度为 $70cm$ 的沸石层,进行吸附过滤便可达到目的。沸石可用 KCl 或 $NaCl$ 再生。

（4）氯化除氮法

该法就是先把原水 pH 值调到 $6\sim7$,加氯或次氯酸钠,则原水中的氨经下述反应,变成氮

$$2NH_6+3Cl_2 \Longrightarrow N_2\uparrow+6HCl$$

氯法除氮对氨氮的去除率达 $90\%\sim100\%$,处理效果稳定,不受水温影响,基建费用也不高,处理时不产生污泥,并兼有消毒作用,使氮气又回到大气中。但其运行费用高,残余氯处理后产生的氯代有机物须进行后处理。

四、除磷

污水中的磷一般有三种,即正磷酸盐、聚合磷酸盐和有机磷。经二级生化处理后,有机磷和聚合磷酸盐已转化为正磷酸盐。它在污水中呈溶解状态,在接近中性 pH 值的条件下,主要以 HPO_4^{2-} 的形式存在。去磷的方法主要有石灰凝聚沉淀法、投加凝聚剂法和生物除磷法三类。

（1）石灰凝聚沉淀法

该法的原理是:在 OH^- 存在的条件下,使二级处理水中的溶解性磷酸根（PO_4^{3-}）以难溶性钙盐沉淀析出。

石灰的加入量与水中的 pH 值和重碳酸碱度有关。pH 值越高,生成物溶解越小,除磷率也高,污水中的重碳酸碱度越高,这种方法产生的石灰污泥脱水性能好,可以通过焚烧再生。

（2）投加凝聚剂法

向二级处理水中加铝盐、铁盐等，并不增加设施便可除去磷，提高二级处理水质。在一般情况下，污水中的碱度是足够的，所以即使多量加入硫酸铝，pH 值仍可保持在 6.0～6.5 的范围内，无需特殊调整 pH 值。[①]

（3）生物除磷法

磷是微生物增殖和维持必需的元素，也是促进能量贮存和交换的重要元素。

微生物除磷的机理是：在适宜的条件下，微生物能过量地在体内贮磷，称为过量摄取；溶解氧高的时候，微生物对磷的摄取速度增大；硝化过程比较弱的时候，磷去除速度提高；污泥平均停留时间短，磷去除率高。

五、污水深度处理的组合工艺

很多时候单一的某种深度水处理工艺很难达到回用水水质要求。在具体进行流程选用时，根据原水水质、再生回用水量和用水水质标准以及经济性、维护管理等具体情况综合考虑，选用一种或几种工艺组合。一般归纳有如下几种组合方案：①污水经二级处理后，出水消毒后直接再生利用。该工艺多具有良好的脱氮除磷功能，出水水质指标达到一级排放标准，且回用水水质要求较低；②污水经二级处理后，再经过滤和消毒供用水单位再生利用；③污水处理工艺经改造（如 A/O 法）再经二级处理后，经混凝、沉淀和过滤后再生利用，还有其他组合工艺，不再列举。

---

① 王燕飞．水污染控制技术 . 2 版．北京：化学工业出版社，2008：266 －268

第四节 污水深度处理技术的发展

在城市污水处理技术基础上,融合深度处理技术发展起来的是污水回用处理技术。在处理技术路线上,以综合利用为目的,根据不同用途进行污水深度处理技术优化组合,将城市污水处理厂的尾水净化到相应的回用水水质指标要求。

一、污水回用处理技术

城市污水处理厂处理出水含有 SS、N、P、微量有机物、重金属、细菌、病毒、表面活性剂、无机盐等,需要进行深度处理,以去除上述污染物质,达到回用水的水质标准。

城市污水处理厂出水深度处理技术有:混凝沉淀、混凝气浮、化学除磷或化学同时脱氮除磷、过滤、消毒、活性炭吸附、离子交换、微滤、超滤、纳滤、反渗透、臭氧氧化、光化学氧化、光化学催化氧化、湿式氧化等。图 4-1 列举了污水处理厂处理出水中各种污染物的常见处理技术。如滤池去除悬浮物;混凝沉淀去除悬浮物和大分子有机物;生物处理、臭氧氧化和活性炭吸附去除溶解性有机物;活性炭吸附、臭氧氧化去除色度和臭味;臭氧、化学氧化和紫外线照射等可用于微生物灭菌等。

二、污水回用处理工艺及其应用

回用水的用途不同,采用的水质标准和深度处理的方法也不同;同样的回用用途,由于处理出水水质不同,相应的处理工艺及其技术参数也各异。因此,城市污水处理厂出水再生处理工艺应根据再生水水源水质、处理水量、回用用途以及当地水资源、社会经济和生态环境等状况,进行技术经济性比较,优化组合污水处理厂处理出水深度处理工艺流程。例如,回用水用于工业冷却水时,采用的工艺应重点放在去除水中的硬度、氮磷和微生物等,以防止冷却装置结垢、产生藻类和滋生微生物大量繁殖等。

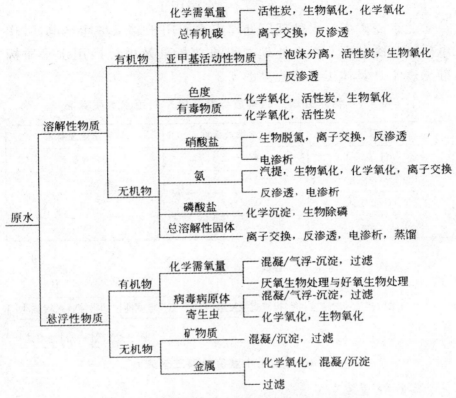

图 4-1 水中去除各种污染物的处理技术

在我国,回用于冷却水、城市景观用水和市政杂用水的污水处理厂出水常采用混凝、沉淀、过滤和消毒的组合工艺,如西安北石桥污水处理厂、太原杨家堡水质净化厂、合肥王小郢污水处理厂等出水回用于冷却水、市政杂用水和景观绿化用水等均采用了混凝、沉淀、过滤和消毒的组合工艺;回用于工业生产和农业种植,尤其是用于绿色粮油食品基地种植时,除采用上述工艺技术外,还需要进行除盐处理。而在国外,污水回用处理较多的采用了膜处理技术,包括超滤、反渗透和消毒处理系统,如新加坡把污水处理厂处理出水作微电子高纯水时,采用了微滤、反渗透和紫外线消毒工艺；美国科罗拉多州的某电厂采用污水处理厂处理出水用作冷却循环水时，采用了混凝、过滤和离子交换工艺。

具体应用实例如下。

（1）北京高碑店污水处理厂中水回用工程

北京高碑店污水处理厂处理出水回用于北京华能热电厂，作电厂循环冷却水。污水处理二级排放标准及电厂回用水水质标准见表 4-1，具体工艺流程见图 4-2。

表 4-1　污水处理二级排放标准及电厂回用水水质标准

项目	出水排放标准	回用水水质标准
pH 值	6.5～8.5	6.5～8.5
$BOD_5/(mg/L)$	＜30	＜20
$SS/(mg/L)$	＜30	＜30
$COD_{Cr}/(mg/L)$	＜120	＜60

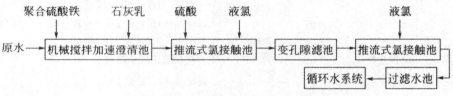

图 4-2　回用水深度处理工艺流程

实际处理效果见表 4-2。

表 4-2　回用水处理效果

项目	原水	澄清池出水	滤池出水
pH 值	7.12	10.62	6.88
$SS/(mg/L)$	11.95		＜1
$COD_{Cr}/(mg/L)$	41.08		19.78
$BOD_5/(mg/L)$	9.13		1.91
硬度/(mol/L)	5.60	3.92	4.20
碱度/(mol/L)	3.70	1.70	0.60
氯化物/(mg/L)	146.00	141.00	146.00

续表

项目	原水	澄清池出水	滤池出水
酸碱度/(mg/L)	153.00		194.00
浊度/NTU	2.06	0.61	0.18
含盐量/(mg/L)	773.00		792.00
氟化物/(mg/L)	0.38		
砷化物/(mg/L)	0.002		0.003
硅酸根/(mg/L)	13.52	9.52	9.02

（2）广州大厦中水回用工程

广州大厦集商业、居住、娱乐和宾馆于一体，建筑面积 60000m²，污水排放量 600m³/d，污水水质如下：COD 250～300mg/L、SS 200～300mg/L、LAS 4～8mg/L、pH 7～9，要求处理出水作中水回用。工程采用了先生化后物化工艺，具体工艺流程见图 4-3。实际处理达到了回用水质标准要求。①

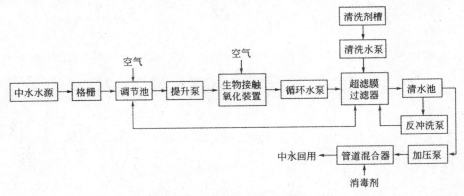

图 4-3　中水处理工艺流程

参考文献

[1]田禹，王树涛.水污染控制工程.北京：化学工业出版

---

①　成官文.水污染控制工程.北京：化学工业出版社，2009：298－300

社,2010.

  [2]王燕飞.水污染控制技术.2版.北京:化学工业出版社,2008.

  [3]成官文.水污染控制工程.北京:化学工业出版社,2009.

第五章 污泥处理、处置与利用

通常,各种水处理系统都会产生一定量的污泥,其中城市污水处理厂产生的剩余污泥数量最为巨大。目前,我国大部分污水处理厂废水处理过程中将产生各种污泥,这些污泥一般富含有机物、病菌等。污泥的处理、处置与利用,就是要通过适当的技术措施,使污泥以某种不损坏环境的形式重新返回到自然环境中,或者使污泥得到再利用。通常将改变污泥性质使之稳定化、减量化、无害化,称为处理,而安排污泥的最终出路称为处置。

第一节 污泥处理与处置概述

污泥处理是对污泥进行浓缩和脱水。即通过对污泥的浓缩处理,可使污泥体积缩到原来的 $\frac{1}{3}$ 左右。浓缩污泥的含水率通常在 $96\%\sim97\%$。对浓缩污泥进行脱水则是通过机械脱水方法达到污泥减量的目的,使脱水污泥由原来的液态转化为固态。脱水污泥的含水率通常在 $60\%\sim80\%$。

为了避免污泥的有机部分发生腐败,污染环境,常在脱水之前对生污泥进行降解,使污泥得到稳定和无害化,处理方法是对污泥进行厌氧消化或好氧消化。

污泥的最终出路不外乎部分或全部回用,以及以某种形式返回到环境中去。在利用时,污泥中的部分物质也有可能以某种形式返回到环境中去。

污泥处理与处置的基本流程见图 5-1。

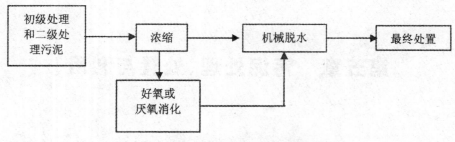

图 5-1　污泥处理与处置的基本流程

污泥经浓缩、脱水干化后，含水率还很高，体积很大，必要时可进行干燥处理或焚烧。干燥处理后污泥含水率可降至 20% 左右。污泥自身的燃烧热值高，当污泥不符合卫生要求、有毒物质含量高、不能为农副业利用时；可考虑与城市垃圾混合焚烧并利用燃烧热气发电。采用污泥焚烧工艺时，则前处理不必用污泥消化或其他稳定处理，以免由于挥发性物质减少而降低污泥的燃烧热值，但应通过脱水、干燥工艺。

从现有的工艺、经济资料分析：采用重力浓缩后外运，处理成本为 1.2～1.5 元/m³；采用重力浓缩→中温消化→外运，约为 2.0～2.5 元/m³；采用重力浓缩→中温消化→机械脱水→外运，为 2.5～3.0 元/m³。若以重力浓缩法的成本作为单位 1，则上述 3 种污泥处理工艺的处理成本比为 1∶1.7∶2.0。气浮浓缩的处理成本高于重力浓缩的 2 倍以上。目前，较适合我国国情、常用的污泥处置方法有：填埋、投海、农田绿地利用等。[①]

20 世纪末开始，国外开发了用于污泥浓缩与脱水相结合的浓缩、脱水一体机。污泥经化学调节以后直接进入浓缩、脱水一体机，达到浓缩、脱水的目的。在我国多家城市污水厂应用，已取得了良好的效果。

---

① 郭茂新，孙培德，楼菊青. 水污染控制工程学. 北京：中国环境科学出版社，2005：453—454

第二节　污泥分类、性质与数量

一、污泥的分类

污泥的种类是多种多样的,污泥的产量和性质等与城市管道系统、生活水平、工业性质等密切相关。

(一)按来源不同分

污泥按来源大致可以分为以下几类:供水厂污泥(简称自来水污泥)、城市污水处理厂和工业污水厂污泥(包括污水回用处理系统污泥,简称污水污泥)、河道疏浚污泥、城市排水系统通沟污泥(简称通沟污泥)、泵站系统栅渣。

在多种污泥中,城市污水处理厂和工业污水厂污泥(包括污水回用处理系统污泥)是最难处理,也是对环境危害、污染最大的一类。城市污水处理厂所产生的污泥有如下几种:栅渣、沉砂池沉渣、浮渣、初沉池污泥和二沉池生物污泥等。工业污水处理后产生的污泥,有的和城市污水厂相同,有的不同,有些特殊的工业污泥有可能作为资源利用。

(二)按成分不同分

因来源不同,污泥的成分与性状有较大差异。

(1)污泥

以有机物为主要成分的称为污泥。其性质是易于腐化发臭,颗粒较细,密度较小,含水率高且不易脱水,是胶状结构的亲水性物质。初次沉淀池和二次沉淀池的污泥均属于污泥。

(2)沉渣

其主要成分为无机物。沉渣主要为颗粒状。较粗、密度较大,含水率低且易于脱水,流动性差。沉砂池和某些工业废水处理沉淀池的沉淀物为沉渣。

二、污泥的性质

污泥性质的主要参数或项目有含水率、GV 和 GR、碱度、有机酸含量、污泥肥分、脱水性能等。

(1)含水率

$$含水率 = \frac{污泥中所含的水分量}{污泥总质量} \times 100\%$$

污泥的含水率一般都较高,相对密度接近于 1。污泥的体积、质量及所含固体物质浓度之间的关系可表示为

$$\frac{V_1}{V_2} = \frac{W_1}{W_2} = \frac{100 - P_2}{100 - P_1} = \frac{C_2}{C_1}$$

式中,P_1、V_1、W_1、C_1 为污泥含水率为 P_1 时的污泥体积(m^3)、质量(kg)及固体浓度(mg/L);P_2、V_2、W_2、C_2 为污泥含水率为 P_2 时的污泥体积(m^3)、质量(kg)及固体浓度(mg/L)。[1]

(2)灼烧减量(GV)和灼烧残量(GR)

GV 和 GR 是在污泥消化过程中使用的重要参数。将烘干后的污泥试样放置在高温炉(550℃)中灼烧,污泥中的有机物质燃烧后而损失掉。灼烧前后污泥试样质量损失部分称为灼烧减量;灼烧后污泥试样剩余部分的质量称为灼烧残量。实际中更常用污泥试样干重的百分比来表示。

需要注意的是,在灼烧减量中不但包含有机物,而且包含有水和氮类化合物,所以灼烧减量和污泥中的有机物含量并不相等。GR 表示无机物含量。

(3)碱度

在污水处理厂污泥中存在有不同的碱度缓冲系统,主要有 CO_2/HCO_3^- 碱度系统、NH_3/NH_4^+ 碱度系统、蛋白质化合物碱度

① 王郁.水污染控制工程.北京:化学工业出版社,2007:394—395

系统等。在污泥处理中,这些碱度系统对稳定 pH 值的变化有重要意义。在污泥消化处理过程中,会有适量的有机酸生成,而碱度的存在中和了所生成的酸,使 pH 值得以稳定,保证碱度发酵的进行。

(4)有机酸含量

有机酸是污泥厌氧消化过程的中间产物,有机酸的含量一般用醋酸的含量(mg/L 或 mmol/L)表示,它是评价消化过程是否正常进行的重要指标。如果消化池内的有机酸含量突然超过正常值,则意味着消化池的有机物负荷过高,或者甲烷菌遭到破坏(比如中毒)。用有机酸含量来评价消化过程是否正常比用 pH 值(因为有碱度存在)或沼气产量指标更有效。

(5)污泥肥分

污泥中含有很多植物的营养物、有机物及腐殖质等。营养物主要包括氮、磷和钾。例如,氮能促进植物茎叶的生长,其中硝酸盐氮可被植物直接利用。

(6)污泥的脱水性能

不同类型和不同性质的污泥脱水性能是不同的。污泥的脱水性能可用污泥比阻来衡量。

污泥比阻(r)是指在一定力下,在单位过滤界面上,单位质量的干污泥所具有的阻力。计算公式如下

$$r=\frac{2pA^2b}{\mu W} \tag{5-1}$$

式中,r 是污泥比阻(m/kg);p 是真空度(Pa);A 是过滤介质面积(m²);b 为比阻测定中的一个斜率系数(s/m⁶);μ 是滤液的动力粘度(Pa·s);W 是单位体积滤液所产生的干污泥质量(kg/m³)。

污泥比阻测定装置如图 5-2(a)所示,主要测定步骤如下:①取 50~200mL 待测泥样,测定含固率 c_0;②在布氏漏斗金属承托网上铺一层滤纸,并用少量蒸馏水润湿;③将污泥样均匀倒入漏斗内的滤纸上,静置一段时间;④起动真空泵,至额定真空度时,开始记录滤液体积,每隔一定时间记录一次,直到漏斗污泥层出现裂缝,真空被破坏为止,在此过程中不断调节控制阀,使真空度

保持恒定;⑤从滤纸上取出部分泥样,测其含固率 c_μ,从量筒中取出部分滤液,测其含固率 c_e,并测其温度;⑥将记录的过滤时间 t 除以对应的滤液体积,得 t/V 值,以 t/V 值为纵坐标,以 V 值为横坐标作图,得到图 5-2(b)所示的直线,该直线的斜率为 b。

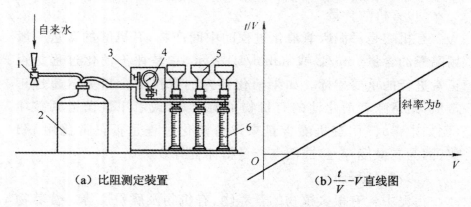

（a）比阻测定装置　　　　（b）$\dfrac{t}{V}$ —V 直线图

图 5-2　比阻测定装置及 $\dfrac{t}{V}$ —V 直线图

W 值可用下式计算

$$W=\frac{c_\mu(c_0-c_e)}{c_0-c_\mu}$$

不同温度下水的动力粘度见表 5-1。

表 5-1　不同温度下水的动力粘度

水温/℃	0	5	10	15	20	30
$\mu/10^{-3}$（Pa·s）	1.814	1.549	1.335	1.164	1.029	0.825

有了上述数值即可根据式(5-1)计算出所测污泥的比阻。污泥比阻主要用来衡量污泥脱水的难易程度,它反映了水分通过污泥颗粒所形成的泥饼层时所受阻力的大小。一般来说,比阻小于 1×10^{-3} m/kg 的污泥易于脱水,大于 1×10^{-3} m/kg 的污泥难于脱水。[①]

———————————

① 孙体昌,娄金生. 水污染控制工程. 北京:机械工业出版社,2009: 485－486

（7）污泥的沉淀、浓缩性能

当污泥长时间放置（比如在容器中）时，会或多或少释放出水分，主要是空隙水，缓慢地搅拌往往会促进水分的释放。温度和伴随发生生物化学过程对污泥的浓缩和沉淀也有一定的影响。通过试验绘制污泥的沉淀、浓缩曲线可以帮助评价污泥的沉淀、浓缩性能。但目前对于有机污泥和非均质污泥尚缺少评价数据。

（8）污泥的垃圾填埋场承载性能

污水处理厂污泥的最终出路有时是在垃圾填埋场堆放，目前国外采用的指标是垃圾填埋场承载力，要求进入垃圾填埋场污泥的垃圾填埋场承载力≥25kN/m²。[①]

三、污泥的数量

废水处理过程中产生的污泥量决定于原废水的水量、水质、处理工艺以及去除率。在已知污泥性能参数的情况下，可用下列公式计算。

（1）初沉污泥量

可根据污水中悬浮物浓度、去除率、污水流量及污泥含水率，用下式计算：

$$V = \frac{100 \rho_0 \eta q_V}{10^3 (100 - P) \rho}$$

其中，V 为初沉污泥量，m^3/d；q_V 为污水流量，m^3/d；η 为沉淀池中悬浮物的去除率，%；ρ_0 为进水中悬浮物浓度，mg/L；P 为污泥含水率，%；ρ 为污泥密度，以 $1000kg/m^3$ 计。

或采用另一公式：

$$V = \frac{SN}{1000}$$

式中，V 为初沉污泥量，m^3/d；S 为每人每天产生的污泥量，一般

---

① 田禹，王树涛. 水污染控制工程. 北京：化学工业出版社，2010：241—243

采用 $0.3\sim0.8L/(d\cdot 人)$；N 为设计人口数，人。

（2）剩余活性污泥量

以挥发性固体（VSS）计，可采用下列公式进行计算。

$$P_X = Yq_V(\rho_{S0} - \rho_{Se}) - K_d\rho_X V$$

式中，P_X 为剩余活性污泥，kg MLVSS/d；Y 为产率系数，kg MLVSS/kgBOD$_5$，一般采用 $0.5\sim0.6$；ρ_{S0} 为曝气池入流的 BOD$_5$，kg/m^3；ρ_{Se} 为二沉池出流的 BOD$_5$，kg/m^3；q_V 为曝气池设计流量，m^3/d；K_d 为内源代谢系数，一般采用 $0.06\sim0.1$d^{-1}；ρ_X 为曝气池中的平均 MLVSS 浓度，kg/m^3；V 为曝气池容积，m^3。

剩余活性污泥量以悬浮固体（SS）计：

$$P_{SS} = \frac{P_X}{f}$$

式中：P_{SS} 为剩余活性污泥量，kgMLSS/d；f 为 $\dfrac{MLVSS}{MLSS}$ 的值，一般采用 $0.6\sim0.75$。

剩余活性污泥量以体积计：

$$V_{SS} = \frac{100P_{SS}}{(100-P)\rho}$$

式中，V_{SS} 是剩余活性污泥量，m^3/d；P_{SS} 是产生的悬浮固体，kgSS/d；P 为污泥含水率，％；ρ 为污泥密度，以 1000kg/m^3 计。[①]

第三节　污泥的基本处理方法

由于污水水质不同，致使产生的污泥也不同，因而污泥的处理工艺将有所不同。另一方面，因污泥的处置方法不同，污泥的处理也不同。

污泥处理处置方法的选择可能是一个或者几个处理手段的

---

① 郭茂新，孙培德，楼菊青. 水污染控制工程学. 北京：中国环境科学出版社，2005：455－456

组合,要根据污泥的性质、类型和污泥量情况而定。

一、污泥处理的基本方法

各种污泥处理方法的作用和目的见表 5-2。[①]

表 5-2　各种污泥处理方法的作用和目的

处理方法		目的和作用
污泥浓缩	重力浓缩	缩小体积
	气浮浓缩	缩小体积
	机械浓缩	缩小体积
污泥稳定	加氯稳定	稳定
	石灰稳定	稳定
	厌氧消化	稳定,减少质量
	好氧消化	稳定,减少质量
污泥调理	化学调理	改善污泥脱水性质
	加热调理	改善污泥脱水性质及稳定和消毒
	冷冻调理	改善污泥脱水性质
	辐射法调理	改善污泥脱水性质
污泥消毒		消毒灭菌
污泥脱水	自然脱水	缩小体积
	机械脱水	缩小体积
污泥干燥	机械加热干燥	降低质量,缩小体积
污泥堆肥		提高污泥用于农业的适用性
污泥焚烧		缩小体积、灭菌
污泥最终处置	卫生填埋	接纳处理后的污泥,解决处理后的污泥的最终出路
	农田绿地利用	充分利用污泥的肥分,改良土壤
	海洋倾弃	接纳处理后的污泥,解决处理后污泥的最终出路

---

① 成官文.水污染控制工程.北京:化学工业出版社,2009:305

目前国外部分国家污水污泥处置情况见表 5-3。

表 5-3　部分国家污水污泥处置及 GNP 情况

人均 GNP/美元	国家	农用/%	填埋/%	焚烧/%	其他/%	国民总 GNP/亿美元
22240	美国	24	15	27	34	56200.48
23650	德国	25	60	10	5	18943.65
26930	日本	31.9	0	62.7	5.4	33366.27
20380	法国	27	53	20	0	11616.6
16550	英国	42	8	7	43	9532.8
18520	意大利	34	55	11	0	10704.56
18780	荷兰	53	29	10	8	2835.78
23700	丹麦	56	14	30	0	1232.4
12450	西班牙	61	10	0	29	4855.5

国内污水污泥的处理处置经过了几十年的研究,成果也不少,但是在实际应用的主要有污泥消化、污泥与垃圾的混合填埋、污泥制肥料和污泥焚烧。污泥制肥亦获得实质性进展,目前已经有大连水质净化一厂、徐州污水处理厂、淄博市污水处理公司、北京北小河污水处理厂、秦皇岛东部污水处理厂和唐山西郊污水处理厂将污泥制成有机颗粒肥、有机复混肥和有机微生物肥料施用于农田或绿化。

二、污泥处理方法的组合

在实际中,应根据污泥的最终处置方案,结合实际条件,选取几个不同的污泥处理单元,以组成不同的污泥处理处置系统。焚烧污泥就要求先使污泥脱水,而在脱水前,要改善污泥的脱水性能等。因此,污泥处理处置系统往往包含了一个或多个污泥处理单元过程。通常采用的单元过程有浓缩、稳定、调理及脱水等;在某些情况下,还要求消毒、干化、热处理等工序,而每个工序也有不同的处理方法。

图 5-3 所示为污泥处理的各种工艺的组合,从左到右依次为浓缩、稳定、调理、脱水、干化、堆肥、热减缩和最终处理。[①]

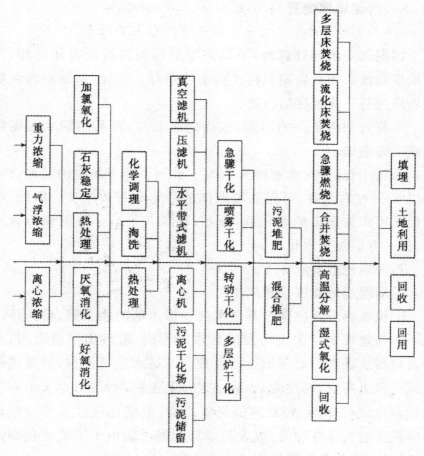

图 5-3　污泥处理中各种工艺组合

第四节　污泥处置与资源化利用

污泥最终处置与资源化利用主要有污泥填埋处置、污泥投海

---

① 田禹,王树涛.水污染控制工程.北京:化学工业出版社,2010:247—250

处置、农田绿地利用和建筑材料利用。

一、污泥填埋处置

污泥用于填埋处置时，不仅需要对污泥进行无害化处理，而且填埋场地必须具备避免再次污染的条件。因此，需要对污泥填埋场地进行一定程度的改造。

不符合利用条件的污泥，或当地需要时，可利用脱水污泥填地或填海造地。

污泥干化后，含水率约为70％～80％。用于填地的污泥含水率以65％左右为宜，可保证填埋体的稳定与有效压实。因此，在填地前可添加适量的硬化剂（石灰、粉煤灰等），一方面调节含水率，另一方面加速固化。

污泥填地的要求如下。

①填埋场地周围设置围栏。

②填地场底部应铺设不透水层及渗出液的收集管，防止污染地下水与地面水。由于污泥的含水率不高，故渗出液量有限，可输送到污水处理厂处理或就地处理。不透水层有两种，一是用粘土或三合土夯实，厚度为 0.6m 左右，渗透系数 $K < 10^{-7}$ cm/s，二是化学合成衬垫，主要材料是聚氯乙烯、氯磺化聚乙烯等。填地场应设置竖向排气导管，收集与排除污泥可能由于厌氧消化而产生的污泥气，避免发生爆炸。

③为了防止蚊蝇栖息与繁殖和防止臭味外溢，应覆盖塑料薄膜。

④焚烧灰的挥发分在15％以下时，可进行不分层填埋。

⑤未经焚烧的污泥，除小规模填埋外，需进行分层填埋。生污泥进行填埋时，污泥层的厚度应≤0.5m，其上面铺设砂土层厚度 0.5m，交替进行填埋，并设置通风装置。消化污泥填埋时，污泥层厚度应≤3.0m，其上面铺设砂土层厚度 0.5m，交替进行填埋。

填地场的设计年限一般在 10 年以上，填成后应种植植被，先作为公共绿地、运动场地等。污泥稳定后，再可进一步开发利用。

浅水海滩、海湾处，可用污泥填海造地。

污泥用于填海造地用时的要求如下。

①必须建围堤，不得使污泥污染海水，渗水应收集处理。

②填海造地的污泥、焚烧灰中，重金属含量应符合填海造地的标准。

二、污泥投海处置

沿海地区，可考虑把经过消化处理的污泥通过管道输送或船运投海。根据英国的经验，污泥投海区应离海岸 10km 以外，深 25m，潮流水量为污泥量的 500～1000 倍，由于海水有自净与稀释作用，可使投海区不受污染。

由于目前废（污）水处理量的急剧增长，废（污）水厂的污泥量也大幅度增加，为了避免对海洋生态造成污染，污泥投海处置方式逐渐不予采用。

三、农田绿地利用

由于污泥中含有植物所需的丰富肥分及改善土壤所需的有机腐殖质，但污泥中也含有大量的有毒和有害物质。因此应进行稳定处理或堆肥，去除病菌及寄生虫卵，使其中的重金属离子含量符合相应的农用污泥标准。近年来，各国政府为确保污泥用于农田绿地的安全性，对污泥的无害化要求不仅越来越高，还严格限制单位面积土地的污泥应用量，这就在一定程度上限制了污泥大规模地应用于农田绿地。

未经消化处理的脱水泥饼用作农田绿地施肥时，由于含水率能到 70%～80%，难于进行施肥操作，一般应在野外作长期堆放，再进行施肥。污泥焚烧灰中的磷、镁、铁等植物生长所必需的元素,也可作为肥料用,但应防止施肥时焚烧灰的飞扬,可采用湿式施肥法。

四、建筑材料利用

纯工业废水(特别是重金属及有毒害物质含量较高的工业废水)产生的污泥不能作为肥料,为避免造成二次污染,可将污泥无机化后作为建筑材料。由于污泥的无机化处理不仅耗能较大,而且易产生有毒害气体,故污泥作为建筑材料应用不仅要权衡耗能和效益,还要考虑妥善处理有毒害气体以免影响周边环境。

污泥可用作制砖、制纤维板材、灰渣水泥和混凝土。

可采用干化污泥直接制砖,也可采用污泥焚烧灰制砖。用干化污泥直接制砖时,应对污泥的成分作适当调整,使其成分与制砖粘土的化学成分相当。制砖黏土要求的化学成分百分率(%)为 SiO_2:56.8~88.7、Al_2O_3:4.0~20.6、Fe_2O_3:2.0~6.6、CaO:0.3~13.1、MgO:0.1~0.6、其他:0~6.0;利用污泥焚烧灰制砖,应加入适量的粘土与硅砂,制成的污泥砖强度与红砖基本相同。配料比约为焚烧灰:黏土:硅砂=100:50:(15~20)质量比。

污泥制纤维板材,主要是利用蛋白质的变性作用,也即活性污泥中所含粗蛋白与球蛋白在碱性条件下,加热、干燥、加压后,发生一系列的物理、化学性质的改变,从而制成活性污泥树脂(蛋白胶),再与经过漂白、脱脂处理的废纤维一起压制成板材,即生化纤维板。生化纤维板的放射性强度为 $1.43 \times 10^{-9} Ci/kg$,低于水泥的放射性强度 $1.55 \times 10^{-9} Ci/kg$。[1]

干燥后的污泥或污泥焚烧灰可与石灰或石灰石混合煅烧制成灰渣水泥,污泥焚烧灰也可作为混凝土的细骨料,代替部分水泥与细砂。[2]

---

[1] 王郁.水污染控制工程.北京:化学工业出版社,2007:418—419

[2] 孙体昌,娄金生.水污染控制工程.北京:机械工业出版社,2009:508—509

参考文献

[1]田禹,王树涛.水污染控制工程.北京:化学工业出版社,2010.

[2]王郁.水污染控制工程.北京:化学工业出版社,2007.

[3]郭茂新,孙培德,楼菊青.水污染控制工程学.北京:中国环境科学出版社,2005.

[4]孙体昌,娄金生.水污染控制工程.北京:机械工业出版社,2009.

第六章 污水资源化工程

人类社会进入工业化以来,日益暴露出对资源的迫切需要和自然资源不断枯竭的矛盾,并对人类社会的可持续发展带来极大威胁。人类应充分合理地开发利用现有自然资源,同时不断地寻找新的资源来源以弥补自然资源的不足。目前,废水资源的再生利用受到世界各国的广泛重视,在资源与环境科学领域中日益显现其旺盛的生命力。

第一节 国内外污水资源化的现状、意义及前景

水资源短缺和污染的双重效应和压力使人们想到了废水的资源化利用,中国年缺水约 420 亿 m^3,而 620 亿 m^3 的废水通过专项废水资源化工程的利用量还不到 5 亿 m^3。水资源贫乏的以色列在节水和废水资源化利用方面具有卓越的成效,以色列全国的需水量已超过了其水资源拥有总量,其中 7% 用于工业,25% 用于生活和城市供水,68% 用于农业。以色列被公认是水资源严重短缺而经济能保持高速增长的极少数发达国家,其农业节水和废水农业资源化利用是其国策性的资源利用政策。以色列几乎把所有的废水用于农业灌溉、地下水回灌和排入河道,最终排入海洋的陆地废水只有 1.7%。以色列的全国水资源利用情况见表 6-1。

美国是水资源相对丰富的国家,水资源总量比中国多 9%,人均水资源拥有量和年取水量是中国的 6 倍,而万元国民生产总值取水量仅为中国的 11.2%,但由于水资源区域分配的不均匀性,

西部和中南部的许多州也存在着水资源的相对不足,城市废水资源化利用也具有一定的规模和成功的经验,其中较为缺水的加州地区在以农业灌溉为主的废水农业资源化利用方面成效显著,并有 80 多年的历史,美国城市废水资源化利用情况见表 6-2。①

表 6-1　以色列水资源利用情况

利用水量	占总取水量的比例(%)	利用水量	占总取水量的比例(%)
渗漏回收水量	5.8	地下水回灌废水利用量	28.1
总排水景	92.5	排入河道的废水调节利用量	25.6
废水处理总量	84.4	排入海洋水量	1.7
灌溉利用废水量	38.7		

表 6-2　美国城市废水利用情况

用水方式	项目数	用水量($10^8 m^3 \cdot a^{-1}$)	用水率(%)
农业灌溉	470	5.81	62
工业利用	29	2.96	31.5
回灌地下水	11	0.47	5
娱乐、养鱼及水生养殖	26	0.14	1.5
总计	536	9.37	100

事实证明,面对水资源短缺的挑战,水资源的可持续开发利用模式和废水的资源化利用是解决水资源问题的基本方略和有效途径。

第二节　污水资源化政策法规与对策措施

资源再生利用目前属新学科领域,尚处于起步阶段,我国在

① 胡亨魁.水污染治理技术.2 版.武汉:武汉理工大学出版社,2011:354—355

水资源与环境保护方面不断地推出新的政策与法规,对改善我国环境与合理开发利用水资源起到了积极的促进作用。

一、水资源综合利用相关政策

水资源再生利用与水环境的综合治理密切相关,在新的社会发展条件下,废水资源的再生利用可视为环境综合治理的延续和补充,充分实施废水资源的再生利用可弥补单纯环境治理的不足,并且最大限度地提高环境治理的环境效益、社会效益和经济效益。因此,我国环境保护政策中,有关水环境的综合治理、综合利用的相关内容对废水资源的再生利用具有现实指导意义。

资源再生利用的主要相关政策如下。

(1)统一规划,协调发展

从长远而论,再生资源的再生利用是环保的重要组成部分,将与国民经济的发展建设统一规划,协调发展。《正确处理社会主义现代化建设的若干重大关系》中特别强调可持续发展,在现代化建设中必须要把控制人口、节约资源、保护环境放到重要位置,使人口增长与社会发展相适应,使经济建设与资源、环境相协调,实现良性循环。实际上,从可持续发展意义上而言,再生资源的再生利用目的就在于依靠科技进步充分利用资源,减少废弃物排放,促使社会经济、环境保护与资源合理利用的协调发展,以达到最大的社会环境与经济效益,为子孙后代造福。

(2)防治结合,综合利用

为避免重蹈一些国家"先污染后治理"的老路,我国目前走的是一条"以防为主,防治结合,综合治理,综合利用"的新路。在1972年,我国派代表团出席联合国在斯德哥尔摩召开的人类环境会议时,首次提出我国环境保护"三十二字方针",即"全面规划,合理布局,综合利用,化害为利,依靠群众,大家动手,保护环境,造福人民"。随后,该方针在1973年举行的中国环境保护会议上得到了确认,并写入1979年颁布的《中华人民共和国环境保护法

（试行）》之中，在"三十二字方针"中明确提出了"综合利用，化害为利"，为我国"三废"综合治理指明了方向。

（3）责任到位，奖惩结合

为鼓励工矿企业积极进行废弃物的综合治理，我国制定"谁污染谁治理，谁治理谁受益"的原则，对相应的单位和个人进行奖励和惩罚。

按照我国环境保护法，一切企业、事业单位都应执行《工业"三废"排放试行标准》等有关标准。对超过上述标准而排放污染废物的企业、事业单位按排放污染物的数量和浓度征收排污费，对严重超标并破坏生态环境的单位和责任人除追加罚款外，视具体情况还要追究其行政和法律责任。

对"三废"污染综合治理和利用有显著成效的单位和个人要给予表扬和鼓励。对利用三废进行综合回收的产品要按照有关规定实行减、免税和留用利润等优惠政策，以调动企事业单位和个人治理污染、改善环境、挖掘内部潜力、提高经济效率的积极性。

（4）与工程同步、与技术结合

为贯彻执行治理污染与资源综合利用相结合的方针，我国于1989年11月8日发布《关于资源综合利用项目与新建和扩建工程实行"三同时"的若干规定》，提出资源综合利用项目原则上要与基本建设主体工程同时建设、施工、投产，该规定同样适用于厂矿企业所排放废弃物的再生利用。另外，在企业改扩建过程中，还要把"三废"治理、综合利用与技术改造有机地结合起来。

二、水资源综合利用相关法规

多年来，我国政府对资源的开发和合理利用，对依法保护环境、治理污染、发展环保经济给予极大重视。近几年制定了一系列有关资源综合利用的法规、政策，使这项工作有章可循、有法可依。

（1）环境保护和奖励"三废"综合利用的规定

国务院在 1973 年 8 月召开第一次全国环境保护会议后，于同年 11 月原国家计委、国家建委和卫生部联合颁发了《工业"三废"排放试行标准》（GBJ 4—1973），对工业废水中有害物质最高允许排放浓度，以及工业废气中有害物质的排放标准作出规定，随后推出 12 条加强环境保护和奖励"三废"综合利用等经济政策的具体规定[（77）国环字 3 号]。

1979 年颁布的《中华人民共和国环境保护法（试行）》中提出了我国环境保护的"三十二字方针"，使我国环境保护工作进入法制的新阶段。1989 颁布的《中华人民共和国环境保护法》中还明确规定产生环境污染和其他公害的单位，必须把环境保护工作纳入计划，采取有效措施防治在生产建设或者其他活动中产生的废气、废水、废渣、粉尘等对环境的污染和危害，并提出新建工业企业和现有工业企业的技术改造，应当采用资源利用率高、污染物排放量少的设备和工艺，采用经济合理的废弃物综合利用技术和污染物处理技术。

1986 年 5 月在《国务院办公厅关于发布十二个领域技术政策要点的通知》中更详细地针对各行各业排放的废气、废液和固体废弃物的综合治理和利用提出了更具体的要求和措施。并在"城市建设中的环境保护"有关内容中提出"在编制控制城市环境污染的综合防治规划时，要打破部门、行业和地区的界限，逐步实现'三废'治理和废弃物加工的专业化、企业化和社会化，有效地提高资源、能源的综合利用水平和'三废'消化能力。各有关部门协同地方，确定'三废'中主要废弃物综合利用指标，并纳入各自的行业规划"。

1987 年 3 月由原国家计划委员会和国务院环境保护委员会联合制定的《建设项目环境保护设计规定》中的有关章节也为"三废"污染的防治提出了相应的规定。如在"废水污染防治"一节中规定，在工程设计中制定废水处理工艺时，应先考虑利用废水、废气和废渣等进行治理。废水中所含的固体物质、重金属及其化合物易挥发性物质、酸或碱类、油类以及余能等,有利用价值的应回收或综合利用。1989 年 11 月,原国家计委印发《关于资源综合利用项目与新建和扩建工程实行"三同时"的若干规定的通知》,也强调了利用废水、废气、废渣等进行"以废治废、综合治理"的要求。

在 1990 年 12 月 5 日提出的《国务院关于进一步加强环境保护工作决定》中进一步强调:各地区各部门应积极研究和采用无污染或少污染的先进工艺、技术和装备等环境保护科技新成果,限期改造和淘汰严重污染环境的落后生产工艺和设备。并规定凡产生环境污染和其他公害的企、事业单位,必须把清除污染、改善环境、节约资源和综合利用作为技术改造和经营管理的重要内容,有关部门应将保护环境作为考核企业升级和评选先进文明单位的必备条件之一。

在有关废弃物综合治理的奖惩法规中,主要是原财政部与国务院环境保护领导小组于 1979 年 12 月制定的《关于工矿企业治理"三废"污染开展综合利用产品利润提留办法》和国务院于 1982 年 2 月 5 日发布的《征收排污费暂行办法》。前者除具体规定了工矿企业治理"三废",开展综合利用项目所产产品实现的利润提留办法外,还规定工矿企业利用"三废"作为主要原料生产的产品减免税问题,要按国务院(1977)144 号文件关于税收管理体制的规定办理。后者规定一切企业、事业单位除应执行国家发布的《工业"三废"排放试行标准》等有关标准外,还应执行省自治区、直辖市人民政府批准和发布的地区性排放标准,并在附表中规定了"三废"的排污费征收标准。

(2)关于资源综合利用的法规

国家制定了系列鼓励开展资源综合利用的政策,调动了企业开展资源综合利用的积极性。1985 年 9 月原国家经委发布了《关于开展资源综合利用若干问题的暂行规定》,其在附录中公布了利用废弃资源回收生产的各种产品,其中包括综合利用工矿企业排放的废水、废酸液、废碱液、废油和其他废液生产的产品。该规定除鼓励工矿企业充分利用废弃资源生产各种产品外,还对按附录中公布的《资源综合利用目录》生产的各种产品实行一系列优惠政策。

1986 年 1 月原国家经席和财政部在《关于完善现有综合利用政策几点补充规定的通知》中,又对综合利用废弃物生产产品的收费标准作了补充规定,并对原国务院发布[1985]117 号文件所附的《资源综合利用目录》作了适当修改。

1996 年 11 月 28 日,原国家经贸委、原国家计委、财政部、国家税务总局(国经贸[1996]809 号文)发布了《资源综合利用目录》。

2004 年 1 月 12 日,国家发展改革委员会、财政部、国家税务总局以发改环资[2004]33 号文发布了《资源综合利用目录(2003 年修订)》。该《资源综合利用目录》包括:①在矿产资源开采加工过程中综合利用共生、伴生资源生产的产品;②综合利用"三废"生产的产品;③回收、综合利用再生资源生产的产品;④综合利用农林水产废弃物及其他废弃资源生产的产品。

其他有关资源综合利用的法规如下。

1989 年 1 月 10 日,原国家计委关于印发《1989—2000 年全国资源综合利用发展纲要》的通知。

1996 年 8 月 9 日,原国家经贸委、财政部、国家税务总局发布了《关于进一步开展资源综合利用的意见》(国发[1996]36 号),其中对加强水资源的综合利用和合理利用,防止水资源浪费和环境污染作了如下规定。

①建设项目中的资源综合利用工程应与主体工程同时设计、同时施工、同时投产。凡具备综合利用条件的项目,其项目建议书、可行性研究报告和初步设计均应有资源综合利用内容,无资源综合利用内容的不予审批。

②各工业主管部门应制定本行业的用水标准定额和节水规划,采取循环用水和一水多用,提高水的利用率。水资源短缺地区,要严格限制高耗水工业的发展,对新建高耗水项目,在可行性

研究报告中必须有用水专项论述。

③企业开展资源综合利用应严格按照国家标准、行业标准或地方标准组织生产。对没有上述标准的产品，必须制定企业标准。

④必须坚持资源开发与节约并举，把节约放在首位。生产、建设、流通、消费等各个领域，都必须节约和合理利用各种资源，减少资源的占用与消耗。

《关于进一步开展资源综合利用的意见》是指导我国资源综合利用的纲领性文件，是国发［1985］117 号文件的修改、补充和完善。

开展资源综合利用是我国的一项重大技术经济政策，也是国民经济和社会发展的一项长远战略方针。坚持"三十二字方针"，努力提高资源的综合利用水平。

三、工业废水污染控制基本途径

从自然水体里取用的水，使用后排放，又将重新回到自然水体。现在工业废水和生活污水的出路有：①排放于自然水体；②工农业利用；③处理后回用。而工农业利用和处理后回用的水循环到一定程度，还是要排放，因此污水进入自然水体是其最终出路。由于污水排入水体后，必然对环境造成污染，破坏生态环境，损害人体健康，影响自然水体的有效利用。为保护环境水体免遭污染，污水排入水体应以不破坏该水体的原有功能为前提。

（1）减少污染因子的产生量

工业废水的污染物质，都是在生产过程中进入水中的原材料、半成品、成品、工作介质和能源物质，必须充分考虑资源的节约使用和有效利用，改进生产工艺，实现清洁生产，以减少污水量及其中污染物含量。因此，解决废水污染问题，首先要从改进生产工艺和合理组织生产过程做起，尽量使污染因子少产生或不产生。具体的措施有加强生产管理，改变生产程序，变更生产原料、生产设备或产品类型。如实现水的循环（闭路循环）使用以及在生产中降低化学品的用量和使用比较容易处理的化学品代替较难处理的化学品等。

例如，目前正在广泛研究中的各种干法生产工艺（如干法印染）就可以从根本上消除废水的产生。在棉纺织厂，以羧甲基纤维代替淀粉，以洗涤剂代替肥皂，以硫酸代替醋酸，以过氧化物代替次氯酸盐，可使废水中的 BOD 值大约降低 50%～80%。味精生产中采用等电-离子交换新工艺可使味精废水中的 COD 值降低 50%～60%。无氰电镀工艺的研究成功，从根本上消除了剧毒物质氰的产生，代之以另外的低毒和微毒污染物。采用酶法制革来代替灰碱法，不仅避免了危害性大的碱性废水的产生，而且酶法脱毛废水稍加处理，即可成为灌溉农田的肥水。采用离子交换法代替汞法电解制取氢氧化钾，可完全杜绝含汞废水的产生。但是，改革生产工艺是一项牵涉面广的工作，必须由生产工艺人员与废水处理技术人员密切合作，要积极慎重，不能对生产造成不良的影响。

为使废水少产生或不产生，应尽量重复用水。废水的重复使用有循环和接续两种方式。在一般情况下，废水再用的必要条件是要作适当的处理。例如，洗煤废水和轧钢废水，经澄清、冷却降温后，均可循环使用。城市污水经高级处理后，可用作工业用水。在国外，废水的重复使用已作为一项解决环境污染和用水资源贫乏的重要途径。在电镀等工艺过程中，采用逆流法冲洗，就可以少排放废水。

加强生产管理可杜绝人为造成的许多废水污染问题。例如，不合理地用水冲洗地面并使污水任意溢流；频繁改变生产工艺及倒料；生产设备缺少维护，造成跑、冒、滴、漏，使原料大量漏失；任意向下水道倾倒余料及剩液等。因此，加强生产管理也能减少资源流失，降低废水的污染危害程度。

（2）采取废水污染控制措施

实现清洁生产，节约资源是降低污染的第一步，但不论采用何种措施,用水单位生产过程最终总得或多或少地排出一部分废水,仍会有含有一定量的污染物质。因此,还应该加强综合利用,"变废为宝"。一般根据污染源的情况在特定工序或车间,设置专门的回收利用装置,如腈纶纤维生产中的硫氰酸钠、染整生产中丝光淡碱和染料的回收利用等。含有某种污染物的废水一旦形成,控制废水污染的过程中应尽可能回收有用物质。

废水污染控制的涵义包括两个方面:①研究废水对自然水体的污染规律,以便采取措施,维护水体自然净化能力;②控制废水水质,不使它对环境造成污染。因此,污水在排放前应根据具体情况给予适当处理。

废水污染控制措施必须充分考虑有用物质的回收利用。排放这些污染物质可以污染环境,造成危害;反之若加以回收,便可变废为宝,化害为利,既防止了污染危害又创造了财富。如味精废水处理中先加强谷氨酸和菌体蛋白的回收,可取得很好的经济效益,并尽量减少了污水量和污染物的含量。回收利用的途径十分广阔,各行各业都有很大潜力可挖。

尽量采用经济合理、工艺先进的水处理技术,提高处理效果。污水处理往往需要几种单元组合起来才能达到预期效果。如何组合应从技术和经济上最合理来考虑,这是一个比较复杂的问题。总的来说,应根据具体污水的水质水量、排放和回收要求,以及各厂的地形、地势、自然气候条件、可能使用的面积、基建投资条件全面分析研究选择最佳方案。不可能有一个完全通用的模式,更不应该生搬硬套。

采用各种水质控制措施,提高接纳水体的自净能力,乃是防止废水污染的最后一个重要环节。总体上说,对资源再生利用的原则是:首先,节约利用一切生产资料和产品,尽可能发挥物品的使用价值;其次,利用各种技术手段,实现各种废物的再生与利用,实现资源、能源的回收;最后,注重环境保护,妥善处理最终废弃物,不对环境造成危害。

第三节　污水资源化技术概述

废水不同,采用的分离方法和设备也就不一样。分离过程涉及添加物料(吸收剂、溶剂、表面活性剂、吸附物质和离子交换树脂等)和引进能量(热、电、磁和离心力等)等工程问题。单元废水处理工艺是针对特定的污染物设计的一个分离过程,如图 6-1 所示。

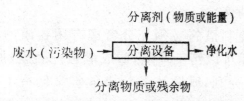

图 6-1　废水中污染物的分离过程示意图

废水通过处理后,一般可得到净化水和分离物质(或残余物)两部分。净化水可以达标排放,也可以进一步处理,达到循环利用水质要求后进行回用;分离物质可以进行提纯使其成为生产原料,进而综合利用,若难以利用则应无害化处理,妥善处置。因此,水处理技术是废水资源化的前提。

任何类型废弃物的回收利用很难靠单一的方法和手段来完成,多数情况下都要通过多种方法和手段的交叉组合,才能达到最终目的,废水的资源化也是如此。有的方法和手段只起预处理作用,有的则是废弃物回收利用的主体工程,有的则还可进一步用于废弃物的深度加工与利用。实践中要根据被处理对象的物理化学特性,再生利用的最终要求,以及具体的经济技术指标等进行有效的选择和组合。资源再生利用方法可分为物理法、物理化学法、化学法和生物化学法四大类,详见表 6-3。因为废水的资源化应该包括水的资源化和废水中污染物的资源化两部分,废水中很多污染物是以固体状态回收的,所以表 6-3 中把有关的固体废弃物资源化的方法也列入,供参考。[①]

表 6-3　二次资源再生利用主要方法及技术手段

方　法		基本原理	技术手段	应用和主要处理对象
物理法	预分选处理	水质、水量调节和阻拦粗渣	格栅、筛网、调节池	大的悬浮物和粗渣去除,废水调节
	重力分离	重力场分离与分选,自然沉淀	重力沉降、重力分选、自然浮上	废水中悬浮物、胶体物处理,废渣及污泥的回收利用
	离心分离	离心力场分离和分选	离心沉降、离心分选	废气、除尘、废液脱水回收
	过滤或超滤	固体颗粒大于过滤介质细孔固体颗粒截留	真空过滤、压滤、深层过滤、微孔过滤	废水净化,回收利用固体颗粒物,水回收利用
	蒸发和结晶	物相变化过程	蒸发器、热交换器、结晶器	溶解物的浓缩、结晶和分离
	磁分离	按比磁化系数分离及分选	磁盘过滤、高梯度磁滤、弱磁选、磁力分选	废液处理及固体磁性物回收
	中和	酸碱中和	相互中和、投药中和、过滤中和、烟道气中和	废水处理及回收
	沉淀	投加沉淀剂使溶质转化为难溶化合物	氢氧化物沉淀法、硫化物沉淀法、钡盐沉淀法、铁氧化沉淀法	废水处理及回收
	氧化还原	氧化还原反应	空气及氯等氧化剂氧化、还原剂及金属还原	废水处理及回收有价组分

---

①　孙体昌,娄金生.水污染控制工程.北京:机械工业出版社,2009:457—459

· 243 ·

续表

方　法		基本原理	技术手段	应用和主要处理对象
物理化学法	凝聚	调节表面电性使颗粒物聚集	化学凝聚、油团聚	废液及污水净化回收
	絮凝	调节表面润湿性使颗粒物聚集	高分子絮凝、选择性絮凝	将固体从液相中分离或分选颗粒物
	气浮	利用物质疏水性不同在泡沫表面粘附而分离	附上气泡分离、泡沫分选	废液处理,固体废弃物回收
	吸附	固—气、固—液界面物理化学反应	气相吸附、液相吸附	废气净化及回收,废液净化及利用
	离子交换	离子交换剂从液相中等当量交换离子	离子交换剂处理	净化和回收含重金属离子和放射性元素废水,从浸出液回收金属离子
	萃取	利用溶解度的不同使水中的溶质向不溶于水的溶剂中转移	液—液提取(两液分离)	从废液和浸出液中提取有价组分
	膜分离	通过半透膜借压力差分离大分子物质	超滤、反渗透	废水处理及回收利用
	膜滤	通过离子交换膜借电位差分离离子	电渗析	废水处理及回收利用
	电化学处理	电化学反应、电解、电凝聚	电化学氧化还原电解	废水处理及回收利用
生物化学法	好氧生物处理	在有氧菌的条件下好氧菌的生物化学反应	活性污泥法、生物膜法、生物滤池、生物转盘、塔滤池、生物流化床	污水和有机废水净化和利用
	厌氧生物处理	在无氧条件下厌氧菌的生物化学反应	UASB、厌氧消化池、厌氧生物滤池	污水和有机废水净化和利用、固体废弃物处理及利用

　　废水资源化的技术与一般的废水处理技术并没有本质上的

区别,只是针对不同的应用目的对方法进行适当的调整。另外,对于不同的废水,其资源化的目标也有区别,对工业废水,在资源化的同时,更应注重其中污染物的资源化,而对城市废水则主要注重水的资源化。本章主要列举一些废水资源化的实例,供实际应用时参考。

由于工业行业的广泛性,不同行业废水的复杂性,工业废水既有有机污染废水,也有无机污染废水,而且有时一种废水中同时含有无机的和有机的污染物。因此,在这里只选择重点行业并以主要污染物为特征归类,介绍在废水处理和资源化利用方面的技术情况。

第四节　污水资源化新技术及其利用

一、含重金属废水资源化

重金属废水是指含有重金属离子的废水,如汞、镉、铬、铅、铜、锌、镍、钡、钒以及类金属元素砷的废水,它们对人体毒害极大。有害金属侵入人的肌体后,将会使某些酶失去活性而出现不同程度的中毒症状。其他有毒金属离子还有铍、锰、铊、锡、钍、铀、锌、硒、锑、钛、钼、锑、铋、银等。

(一)重金属废水的产生

金属矿山、有色冶炼、钢铁、电镀、石油化工和制革等行业都产生重金属废水。有毒重金属都是不经意进入经济循环系统的,有许多产品都含有这些有毒金属,最后进入环境。如砷、铜、铬、铅和汞用来生产杀虫剂、杀真菌剂、杀菌剂等;铅、镉、铬和锌用作色素;镉、铬和锌用作金属涂层材料,镉、汞、锌和银都用于干电池等。

（二）重金属废水的净化与回收方法

重金属能在土壤中积累，是一种永久性污染物。无论用什么方法都不能把重金属分解破坏掉，而只能转移其存在位置和改变其物理、化学形态。

重金属废水的处理方法一般可分为两大类：第一类是使溶解性的重金属转变为不溶或难溶的金属化合物，从而将其从水中除去，如电解法、隔膜电解法、中和沉淀法和硫化物沉淀法等；第二类是在不改变重金属化学形态的情况下进行浓缩分离，如蒸发浓缩法、反渗透法和电渗析法等。第一类方法采用较多，第二类方法在某些废水（如电镀）处理中也有采用。

（1）电解法

目前，国内外都把电解法作为处理重金属废水的主要方法之一。电解法中除了传统的电解法外，近些年来还出现了凝聚电解法、隔膜电解法。日本在生产上已应用固定隔膜电解法回收镀铬废液，英国生态工程公司发明的阳极保护膜式旋转阴极电解槽（简称 ECO 电解槽），可成功地从废水中回收重金属，特别是铜。原西德采用的阳离子辅助电解法是从含盐的金属废液中回收金属的又一种方法。

电解过程中同时包括氧化作用、还原作用、混凝作用和气浮作用，该法具有去除硅、铁、锰的化合物、重金属离子、浮游植物的细胞、有机物质、放射性物质和其他污染物的效果。电催化氧化法通过阳极反应使有机物分解更加彻底，不易产生毒性的中间产物，并开始应用于各种难生物降解有机废水的处理过程。

电解法处理重金属废水，国内外都存在耗电量高、电极板消耗大、成本高的问题。当前研究的重点是减少电耗、降低处理成本、提高处理效率与解决污泥问题。

（2）隔膜电解法

沉淀泥浆中含有有毒重金属，可采用隔膜电解法回收，隔膜电解法是一种改进的电解法。隔膜电解法回收重金属原理是用膜隔开电解装置的阳极和阴极,使电渗析和电解过程同时进行。根据所用隔膜的性质,可分为选择性离子透过膜和非离子透过膜电解。在隔膜电解槽的阴极室放入适当的电解液,使不溶性阴极进行电解,在阳极反应中游离的酸用于溶解泥浆,因此电解液的 pH 值不变。泥浆溶解产生的重金属离子通过隔膜转移到阴极室,在阴极还原为金属而析出。隔膜电解法现在目前研究发展迅速,也出现了许多改进的方法。

(三)汞的回收与利用

（1）氧化还原法

用硼氢化钠(NaBH₄)处理含汞废水,可将废水中的汞离子还原成元素汞回收,出水中的汞含量可降到难以检测的程度。为了完全还原,有机汞化合物须先转换成无机盐。硼氢化钠要求在碱性介质中使用,化学反应式如下

$$Hg^{2+} + BH_4^- + 2OH^- \rightarrow Hg + 3H_2 \uparrow + BO_2^-$$

用硼氢化钠处理含汞废水工艺如图 6-2 所示。

硝酸洗涤器排出的含汞洗涤水收集在集水池中,将含汞洗涤水调整 pH 值到 7~9,将有机汞转化成无机盐。NaBH₄ 经计量并苛化后与含汞废水在混合反应器中进行还原反应(pH=9~11),然后送往水力旋流器,可除去 80%~90% 的汞沉淀物(粒径约 10μm),汞渣送往真空蒸馏,而废水从分离罐出来送往孔径为 5μm 的过滤器过滤,将残余的汞滤除。H₂ 和汞蒸气从分离罐出来送到硝酸洗涤器。该工艺每千克硼氢化钠可回收 21kg 金属汞。

（2）萃取法对汞含量低的废水处理

水银电解法制氯碱的含汞废水中,汞以氯化汞形态存在,有效的萃取剂是 TiOA(三异辛胺)。在低 pH 值的条件下,分配系数可达 2000 左右,萃取速度很快,经 15min 处理得到 99% 的萃取率。把汞含量为 10mg/L 的废水进行两级逆流萃取,残留在废水中的 Hg^{2+} 浓度可降至 0.001mg/L 以下。采用 2.5% 的乙烯二胺

两级逆流反萃取,反萃取中汞浓度达 25g/L,相当于 2500 倍的浓缩比。[1]

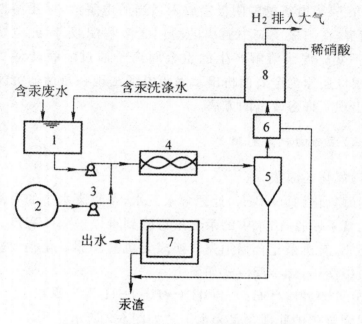

图 6-2   硼氢化钠处理含汞废水的工艺

1—集水池;2—硼氢化钠溶液槽;3—泵;4—混合器;

5—水力旋流器;6—分离罐;7—过滤器;8—硝酸洗涤器

二、小区生活污水的处理与利用

(一)小区生活污水概述

小区一般由居住区、浴场等组成。小区生活污水大致可分为:厕所污水、厨房污水、淋浴盥洗污水,其水质各有差异。由于小区居民生活习惯的影响,生活污水的 COD 为 200~900mg/L,BOD 为 100~500mg/L,SS 为 175~250mg/L,pH 值为 6~8。

---

① 孙体昌,娄金生.水污染控制工程.北京:机械工业出版社,2009:462—463

小区生活污水的污染物含量通常比城市污水低,污水可生化性好,处理难度较小,具有很高的回用价值。

(二)SBR法处理小区生活污水

针对不同小区的废水性质,采用不同的 SBR 工艺,可以达到很好的处理效果,可有效去除污水中 COD、BOD、NH_3-N、SS,去除率可高达 90％以上,出水达到中水回用标准,处理效果稳定。

对于"厕所＋淋浴盥洗"污水,其回用处理工艺为"预处理→SBR 生化处理→混凝沉淀→过滤消毒"。影响 SBR 处理效果的主要因素有 MLSS、曝气时间、DO、进水时间以及 pH 等,其中MLSS 为 3200mg/L 左右;曝气时间 4h;当氧转移效率一定时,DO 主要靠改变曝气量的大小来控制;进水时间 45min;污水的pH 值一般为 6～8。由 SBR 处理后出水,经混凝沉淀处理并过滤消毒后,其水质指标为 COD 39mg/L、BOD 7mg/L、NH_3-N 4.3mg/L、SS 6.2mg/L,达到中水回用标准,无机混凝剂(聚铝PAC)的最佳投加量在 10mg/L 左右。

对于厨房污水,同样采取上述工艺,各工艺参数也一样,但由于废水有机物含量较大,PAC 的最佳投加量为 15mg/L 左右。

对于"厨房＋淋浴盥洗＋厕所"污水,采用"预处理→SBR 生化处理→过滤消毒"的工艺。最佳曝气时间 4h,沉淀 1h,排水0.5h,闲置 0.5h,MLSS 为 2700mg/L 左右。经过滤消毒后,其出水水质指标为 COD 40mg/L、BOD 8mg/L、NH_3-N 1.3mg/L、SS 3.2mg/L,达到中水回用标准。

对于淋浴盥洗污水,同样采用"预处理→SBR 生化处理→过滤消毒"的处理工艺。选取进水时间为 45min,MLSS 为 4000mg/L左右,曝气量为 0.6m/h,曝气时间为 4h,再经过滤消毒,其出水达到中水回用标准。或者采用"预处理→混凝沉淀→过滤消毒"的工艺,混凝剂 PAC 最佳投加量为 20mg/L 左右,但若淋浴盥洗污水中 NH_3-N 值高于 20mg/L 时仍需 SBR 处理。

（三）A/O＋O₃工艺处理小区生活污水

常温下采用化粪池＋A/O法＋臭氧法处理小区生活污水是可行的。通过化粪池＋A/O法＋臭氧处理,生活污水的COD的平均去除率可以达到92.6%。其基本工艺如图6-3所示。

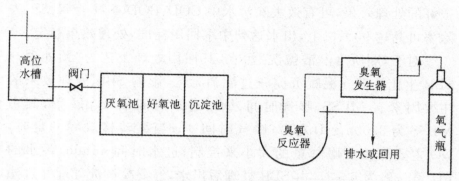

图6-3 某小区生活污水处理工艺

当进水COD为400~500mg/L时,去除效果最好,最高去除率为85.3%。出水COD随曝气时间的增加而降低,最佳的曝气时间为6h。处理时一般在pH值为7时效果最好。经过A/O后,COD为60~70mg/L,通过臭氧氧化,可以进一步降低COD,最佳的臭氧消耗量为100mg/L。

当进水COD为200~650mg/L之间时,采用化粪池＋A/O法工艺处理,出水COD为42~96mg/L之间,达到GB 8979—1996《污水综合排放标准》的一级排放标准;当进水COD为650mg/L以上时,采用化粪池＋A/O法工艺处理,出水COD未达到一级排放标准,因此,应当在化粪池出水口设置一个出水停留时间在5~6h的调节池,可以使出水COD保持在500mg/L左右。

对于污水中的致病菌,由于臭氧的作用,可以达到很高的杀菌率,一般达100%的状态。

（四）接触氧化法处理小区生活污水

某生活小区日常生活污水采用水解酸化＋二级生物接触氧

化＋两级过滤＋臭氧消毒的综合处理工艺，日处理量为 $120m^3/d$，其工艺如图 6-4 所示。其污水水质情况见表 6-7。

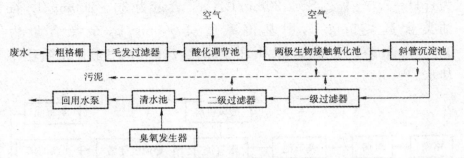

图 6-4　接触氧化法处理小区生活污水工艺

表 6-4　某小区污水水质情况（单位：mg/L）

指标	pH	COD	BOD	SS	NH_3-N
范围	7.3～7.9	120～280	30～110	60～330	18.6～34.2
平均	7.6	220	74.8	120	29.4

其中，一级高效过滤器采用气—水反冲洗，气冲的强度为 $5～6L/(s\cdot m^2)$，水洗的强度为 $2.3L/(s\cdot m^2)$，冲洗的时间为 15min。二级高效过滤器采用气—水反冲洗，气冲的强度为 $5～6L/(s\cdot m^2)$，水洗的强度为 $2.3L/(s\cdot m^2)$，冲洗的时间为 15min。

在此工艺条件下，整套设备可安全有效地运行，处理后出水水质符合杂用水标准。接触氧化法在处理小区生活废水并作为杂用水应用时是安全可靠的，并且抗负荷冲击能力及出水水质都有很好的表现。

（五）生物移动床处理电厂生活污水

某凝气式燃煤火力发电厂生活污水主要来自宿舍、厂区办公及作业、食堂及卫生间等。这类生活污水与城市生活污水相比，COD、BOD 低得多；COD 一般为 100mg/L 或更低。对于此种污水，可以采用"生物移动床＋生物过滤＋深度过滤＋臭氧消毒"的工艺,具体工艺如图 6-5 所示。污水处理站设计污水处理量为 90m³/h,进水水质为:COD 100mg/L,BOD 40mg/L。处理后水质为:pH＝7.0～9.2,SS≤20mg/L,Ca²⁺ 含量为 30～200mg/L,石油类含量≤5mg/L,甲基橙碱度≤500mg/L,余氯含量为 0.5～1.0mg/L;排水 20m³/h 用于绿化,70m³/h 用于补充循环冷却水。①

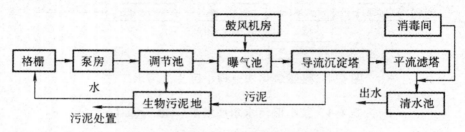

图 6-5 生物移动床处理电厂生活污水工艺

此工艺运行稳定,抗冲击能力很强,出水能满足工业循环冷却水水质要求。

本章为污水资源化工程,介绍了国内外废水资源化的基本现状、意义及前景,引入了我国污水资源化的政策法规与政策策略,对污水资源化技术进行了概述,最后举例说明污水资源化新技术及其利用。纵观全书,紧密结合水污染现状,系统介绍了水污染处理的理论和机理,重点介绍了污水处理的相关方法,包括:污水的物理处理工艺、化学处理工艺、物理化学处理工艺、生物处理工艺以及生态处理等,还讨论了污水深度处理与回用,污泥的处理、处置和污水资源化利用等问题,反映了水污染治理工程的基本技术、工艺和方法。

---

① 孙体昌,娄金生.水污染控制工程.北京:机械工业出版社,2009:478－482

参考文献

[1]孙体昌,娄金生.水污染控制工程.北京:机械工业出版社,2009.

[2]胡亨魁.水污染治理技术.2版.武汉:武汉理工大学出版社,2011.

[3]唐玉斌.水污染控制工程.哈尔滨:哈尔滨工业大学出版社,2006.

[4]王有志.水污染控制技术.北京:中国劳动社会保障出版社,2010.